[美] 贝蒂·塞伦古特 ———— 著

陈鑫媛 ———— 译

UNREAD

好味道

的

秘密

How to Taste

Becky Selengut

天津出版传媒集团

天津人民出版社

图书在版编目（CIP）数据

好味道的秘密 / (美) 贝蒂·塞伦古特著；陈鑫媛
译. -- 天津：天津人民出版社, 2022.6
　　ISBN 978-7-201-18315-2

　　Ⅰ.①好… Ⅱ.①贝… ②陈… Ⅲ.①美食学—通俗
读物 Ⅳ.①TS971.1-49

中国版本图书馆CIP数据核字(2022)第064011号

好味道的秘密
HAO WEIDAO DE MIMI

出　　版	天津人民出版社
出 版 人	刘　庆
地　　址	天津市和平区西康路 35 号康岳大厦
邮政编码	300051
邮购电话	022-23332469
电子信箱	reader@tjrmcbs.com

选题策划	联合天际·文艺生活工作室
责任编辑	伍绍东
特约编辑	邵嘉瑜　谭秀丽
封面设计	孙晓彤
美术编辑	程　阁

关注未读好书

制版印刷	北京雅图新世纪印刷科技有限公司
经　　销	新华书店
发　　行	未读（天津）文化传媒有限公司
开　　本	880 毫米 × 1230 毫米　1/32
印　　张	8
字　　数	170 千字
版次印次	2022 年 6 月第 1 版　2022 年 6 月第 1 次印刷
定　　价	68.00 元

未读 CLUB
会员服务平台

致阿普丽尔，

我真不该怀疑你是个超级味觉者

目录

菜谱

推荐序

　　跟着好菜谱做菜，你也能成为好厨师。购买正确的食材，按要求称量、剁碎、切片、研磨、搭配、加热、判断熟度，这些步骤都完成以后，你大概就能做出一道接近菜谱作家所想的菜了。

　　但若要成为一名大厨呢？大厨不只是按照菜谱做菜，他们还了解各种味道，并懂得如何平衡它们。他们知道如果汤里的玉米太甜了，挤一点柠檬汁就能避免汤汁过于甜腻；如果茄泥酱（baba ghanoush）里的茄子发苦，加一点盐就能减少苦味；如果原汁煨鸡块（fricassee）需要提味，他们就会放入大量的莳萝；如果土豆需要增香，他们就会磨碎一些哥瑞纳－帕达诺奶酪添加进去。也就是说，大厨知道如何品尝味道。

　　贝蒂就是这样的大厨。2001 年，我在香草农场餐厅做主厨时聘请了她。那家餐厅在某种程度上可以说是一座关于西北地区时令食材和烹饪用香草的圣殿。贝蒂直觉敏锐，体贴入微，幽默风趣，我很喜欢与她共事。从那时起，她就已经是一位颇有建树的主厨，烹饪的菜肴味道鲜明。此外，她还是一个很好的沟通者，通过写作和教学传达自己对烹饪的热情。

贝蒂最初告诉我她打算写这本书时，我觉得这个想法太棒了。因为市面上已经有太多关于食物和烹饪的书，比如数以百万计的菜谱、一本又一本烹饪指南以及大量关于食品科学的书，但几乎没有在我看来能称为味道"理论"的书。她在书中解释了如何辨别、创造、平衡味道，以及如何拯救一道失衡的菜肴。这不是一件容易的事，但凭借多年的烹饪教学经验，她已经能用一门关于味道的语言来激励她的学生成为更优秀的厨师。

贝蒂已经出色地达成了自己所设定的目标。她在本书中列举了从甜味到苦味再到脂肪味、鲜味、香味等各种关于味道的元素，并以清晰、深刻、机智幽默的方式解释了它们在一道菜中是如何发挥作用的。尽管我已经与锅碗瓢盆打了四十年的交道，但阅读本书让我对味道有了新的思考，毫无疑问，这本书也会使我成为一个更优秀的厨师。

——杰里·特拉恩菲尔德（Jerry Traunfeld）

"詹姆斯·比尔德奖"获奖主厨，位于华盛顿州西雅图市罂粟餐厅（Poppy）及狮子头餐厅（Lionhead）的经营者，《香草农场菜谱》（*The Herbfarm Cookbook*）和《香草厨房》（*The Herbal Kitchen*）的作者。

前言

"适当调味"是菜谱作家最明显的一种规避责任的行为。你做的菜味道不好？那一定是你没有适当调味！毕竟，我们这些菜谱作家都很务实。我们知道大多数家庭厨师会根据实际情况来调整食材和方法，这取决于他们手头有什么，以及他们的创造力，或者当时是不是在犯懒。而"适当调味"这个说法太过含糊，足以掩盖许多问题。一旦菜谱离开了菜谱作家的手，不同品牌的原料、生产过程各异的天然盐、食材的替代品及不恰当的称量方式都会使菜谱的钟摆失衡。举个例子，如果你不打算加入我要求的刺山柑，因为你刚好觉得这些绿色小球很恶心，那么这道菜就少了很多盐分，更不用说部分酸味和鲜味了。缺了这些盐分，这道菜就不属于适当调味的范畴了。

调味不仅仅和盐有关，如果你纠结于"适当调味"，觉得自己已经加了足够多的盐，可菜的味道还是不对，你或许就真的骑虎难下了。大多数人都知道自己做的菜是好还是坏，但很少有人知道确切的原因。如果你曾做出过一顿灾难性的晚餐，不明白"适当调味"中的"适当"一词指的是什么,也完全不知道究竟是哪里出了错,那么这本书就是为你而写的。

阿普丽尔在厨房里有一项绝技,叫作"哦,见鬼",因为每次她尝试下厨时,我都能听到这句话在房间和楼梯间里不断回响。这本书是为她写的,但也是为你写的。即使你没有她的这项绝技,而且大多数时候你做的东西味道还不错,这本书仍有助于你了解自己成败的原因,并帮助你向成功迈进。

在20年的职业生涯里,我一直在教学生如何品尝菜肴,以及如何给他们的菜肴调味。我发现,有时学生虽然不确定一道菜究竟出了什么问题,但他们描述问题时所使用的口头语言和肢体语言已经暗示了解决办法,只是他们自己对此还毫不知情。还有些时候,给一点提示,他们就会用上其他人也常用的形容词和手势。当一道菜不够咸时,他们会说"味道就这样下来了""胡萝卜汤尝起来没有胡萝卜味""刚入口时还有点味道,然后(同时做一个向下的手势)就没什么味了"。如果他们说话时耸肩,或者只是简单地"呃"了一声,那么一定是盐的问题。但是我见过太多人在解决盐的问题时用力过猛,认为加一把牛至叶和烟熏红椒粉也算是解决方案。

如果一道菜需要酸味(被认为需要加醋或者柑橘类果实),我的学生就会把双手垂到腰间,说些诸如"好像太淡了""尝起来太朴实了""感觉死气沉沉的,太沉重了"或者"没有活力,有些沉闷"这样的话。这些评价全都表明它酸度不够,或者缺少酸味。学生们隐约知道问题出在哪里,但缺少解码环来解锁自己的判断。

我不是专业的烘焙师,所以本书只会简单谈及你在烘焙过程中可能会遇到的问题，不过在这里，我推荐了一些关于揉面与烘焙原理的好书（参见第230页的参考书目，这一页列出了我最喜欢的几本书）。另外，我也并非专业的健康管理师，所以本书也不是一本介绍各种食材对身体健康有何益弊的指南，不过我也许会时不时地对某些东西说上几句，因为我真的憋不住。

菜谱上说的"适当调味"并没有教你**如何**去品尝味道，而这正是本书的崇高目标。一旦你找出使菜肴味道失衡的最常见的元凶，你将会省下大把时间来寻找解决的办法，而且你也会开始像个主厨一样思考。有些人天生就知道怎么做这件事，但这种人少之又少，而且很可能比你或者我拥有更多的米其林星星；我们其他人则都需要指导。别担心，我会帮助你的。

如何使用本书

你当然可以选择感兴趣的章节跳读，不过我还是建议你从头读起，因为我打算一点一点地为读者建立概念。至少，在你阅读本书的其他章节之前，确保你已经读了第一章的内容，即关于品尝味道的原则。为什么？实话告诉你，如果你不看，那么本书剩下的内容，或者你余生里所接触到的其他东西，都将会解释不通。是我夸张了吗？当然没有，所以还是请先阅读第一章吧。

一旦你有了第一章的基础，后续章节所包含的一些重复元素将会不断强化这一中心概念。**菜谱**将突出每一章的重点。**实验时间**旨在帮助你提升自己的味觉。在这些指导性实验中，我会与你一起进行模拟实验和烹饪，要求你思考某些问题，并把它们记在笔记本上。之后你就可以作弊，直接查看答案了。**卡通贝蒂会偶**

尔出现，来强调重要的经验或者指出一些冷知识。自曝一下：我的卡通形象比本人酷多了。**趣味科普**会突然出现在书中各处，讲述我在味觉与味道世界里发现的趣闻。

注：为行文方便，本书中的计量单位沿用了外文原著用法；第31页中的ppt为浓度单位，即ng/L（纳克/升）。

文中涉及单位换算参照表

美制单位	国际通用单位
1茶匙	约等于5毫升
1汤匙	约等于14.8毫升
1夸脱	约等于0.95升
1加仑	约等于3.79升
1品脱	约等于473.18毫升
1杯	约等于48茶匙（约为240毫升）
1盎司	约等于29.35克或29.57毫升
1磅	约等于454克
1英寸	约等于2.54厘米

第一章

品尝味道的原则

你对一道菜味道的评判取决于诸多因素，包括年龄、家族遗传基因、成长背景以及所接受的文化（如果你是吃臭烘烘的碱渍鱼长大的，那么你大概就不能理解为什么其他人都讨厌它），还包括你正在服用的药物、是否抽烟、是否经常到餐馆吃饭（耐受得了比较咸的食物）、是否经常吃加工食品（耐受得了更加咸的食物），当然还有很多其他因素，只是人们目前对这门相对年轻的学科还不太了解——迟早会了解的。味觉世界是主观的。一个人品尝一道菜时的体验并不一定与另一个人相同。也就是说，没有人可以质疑你的品尝体验。

尽管个人体验有别，但关于每道菜需要什么以及如何把菜做得更加可口，厨师们之间有一套通用的语言。这门共通的语言存在于一个多样化的味觉世界中，而在该领域，科学家已经证实了**超级味觉者**的存在，这些人的味蕾密度比普通人更大，也就是说，他们的味觉更加敏感；这类人约占世界总人口的25%。好书《品尝你错过的味道》（*Taste What You're Missing*）的作者巴布·斯塔基（Barb Stuckey）称这类人为"**敏感味觉者**"（sensitive taster）。我赞同她的说法，因为一个人被自己尝到的味道所淹没，并不是什么"超"棒的事（例如，捕捉到葡萄酒中可能存在的许多不足）。阿普丽尔接受过侍酒师的培训，同时是一个超级味觉者（或敏感味觉者）。有一次，我给了她一片杧果，她差点儿吐出来，说道："这尝起来就像坟头土。"你可能会好奇怎么会有人知道坟头土的味道（劝你最好别问），但你明白我的意思：做一个超级味觉者并不是什么好事。我们中的半数人（约占总人口的50%）都是**普通味觉者**（average taster），另外的25%则被称为"**宽容味觉者**"（tolerant taster，他们的味蕾密度最小）。尽管人们的味觉敏感度和舌头构造存在着生理上的差异，但每个人都可以掌握如何更敏锐地品尝味道的技巧，并在这一过程中学会如何使他们的菜肴变得更美味。

品尝者的身份：主厨vs侍酒师

当我用丙硫氧嘧啶试纸给主厨朋友做测试时（详见第10页），我发现，他们都是普通味觉者（挑剔的超级味觉者大概对食品行业不感兴趣）。不过，有传闻说，很多葡萄酒专家都是超级味觉者，他们可以轻松地指出葡萄酒哪里失衡了，并为顾客挑选出味道极好的佳酿。我只测试过两位侍酒师：一位是阿普丽尔，她是超级味觉者；另一位是我的朋友克里斯，他的测试结果为普通味觉者。

就像葡萄酒专家学习如何辨别葡萄酒杯里的细微差别一样（这种差别在我们其他人看来，就像是"我的鼻子闻到了芦笋味，但嘴里尝到的却是铅味和醋栗味"，尽管实际情况并非如他们所言），家庭厨师也可以通过专注、重复和实验来学习辨别味觉和味道。我们中的大部分人都不会在稀薄的空气里通过盲嗅测试来辨别某种香料（在家里的一次深夜挑战中，我费尽千辛万苦才说出在我鼻子底下舞动着的东西是香菜），但我坚信，只要保持专注并付出努力，任何人都可以从美食"土包子"蜕变为美食巨星。话虽如此，但要是你能一下就猜中是哪种香料，这也不失为一个绝妙的派对助兴节目。

虽然本书谈论的是食物，但有意识地微调你的感官鉴赏力确实可以丰富生活的许多方面。记得几年前我在树林里散步时，我只能认出一两种树木，还有少数几种其他植物。当然，我很喜欢树林，散步时会停下来摘一颗越橘或者闻一闻野花香，不过我也会径直走过它们，心里想着要做的事，完全沉浸在自己的思绪里。我的朋友苏珊是森林生态学家，早春的一天，她带我去远足。当时我们刚走了约400米，她就已经教我认了至少25种新植物。她让我揉碎印第安李子树的叶子，然后放到鼻子边闻一闻。当香味击中我鼻腔后部的嗅觉细胞时，我的大脑向我的嘴巴发送了一条非常清晰的信息："黄瓜！"我喊道，有点太大声了。她笑了，好像早就知道我会这么说。后来当我再去树林散步时，树林突然就以一种我从未见过的鲜活姿态呈现在我的眼前。我的注意力立刻转移到了当下，全身心地投入其中。在心理学中，这种状态被称为"心流"或者"进入状态"（in the zone），指的是你完全沉浸在某项活动中时，充满活力、热情，无比专注的心理状态。从此以后，我在树林里散步的心态就完全不一样了。

当你开始像大多数厨师一样热切而有意识地品尝食物时，你会发现自己与食物之间的感官联系加深了，它将你与当下联系在一起（不要说得太有禅意了）。你会忘掉做菜过程中的乏味，沉浸在一片平和之中，就好像发现了一道意料之外但令人愉快的配菜。

但要达到静思食佛（Contemplative Food Buddha），你必须先从基础开始学习。第二章到第七章，我们将会深入探讨科学家所说的**基本味觉**，即咸味、酸味、甜味、脂肪味、苦味和鲜味[1,2]。与味道不同的是，味觉产生于舌、嘴（及身体其他部位）的味蕾。第八章到第十章，我们会谈到香味（香草和香料）、辣味（辣椒、胡椒籽）和质地（酥脆、发涩）。最后两章是几个附加话题：颜色、酒类、温度、声音以及一起用餐的伙伴。总的来说，这十二章代表了在我看来一道菜中最重要的一些元素。为了确定这些元素，我研读了目前关于味觉和味道的研究，但最终我发现，我的研究成果更多地依赖自己制作一道味道均衡、令人满意的菜肴的过程。当我吃到一道令人惊艳的菜肴时，我会根据本书中列出的10个元素进行逆向推演，几乎每次都会发现大部分元素都在发挥作用，并且彼此协调，保持完美的平衡。美味的菜肴会考虑到大部分（甚至全部）元素，而糟糕的菜肴通常相反。

趣味科普 你知道人的肠道也有敏感的味觉吗？我们的肠道和肺部也存在着能够感知到基本味觉的味觉感受器，或者更准确地说，是化学感受器。各位男性读者注意啦，下面是属于你们的21世纪最惊人的小知识：你们的睾丸里也有。

严格来说，"味道"指的是我们所感知到的基本味觉加上质地、痛感及香气。事实上，许多科学家认为，食物的味道在很大程度上与我们的嗅觉系统有关，而不仅仅是我们通过味觉感受器所感知到的东西。没有研究能明确证实这一点，不过我们确实会发现，鼻塞时，食物似乎就少了些滋味。

记得在一个冷飕飕的冬日午后，奶奶被我和我的兄弟姐妹们逗得哈哈大笑，当时她甚至把热巧克力从鼻孔里笑喷了出来。如果你当时也和我们一起坐在桌边，那么一定也会赞同，在遇到呼吸和饮食问题时，要是能有一个备用系统就好了。当时6岁的我根本没有理由相信鼻子和嘴巴是内部相连的，还以为奶奶表演了一个神奇的魔术。热巧克力被她喝进嘴里，又被她喷出鼻孔。她是如何做到的？

我后来才明白，这个备用系统正是事情变得有趣的地方。当我们把一杯热巧克力放在鼻子下方闻时，巧克力所散发的挥发性香味便会通过鼻腔（鼻前嗅觉）直接作用在嗅觉受体细胞上，然后细胞发送信息（电信号）给我们的大脑。这些信号被传送到大脑的嗅球，而嗅球直接与杏仁核和海马体相连，也就是情绪和记忆所在的两个区域。所以，如果你以前闻过热巧克力，这种连接就建立起来了，大脑则会随之启动语言中枢。转眼间，你（如果你是我）就会说："啊……这杯热巧克力闻起来和我奶奶那天从鼻子里喷出来的一样……"如果大家还有兴致喝下这杯热巧克力，那么就请把杯子举到嘴边啜一口。这时挥发性的香味便会直抵我们的口腔后部，随后进入鼻腔，击中上述的嗅觉细胞（鼻后嗅觉）。因此，不仅仅是鼻子，我们的嘴巴也能"闻到"食物的味道。有些人可能会说我们的鼻后嗅觉更灵敏，因为我们在咀嚼时分解并加热了食物，于是释放了更多的香味。

趣味科普 最近发表在《科学》杂志上的一项研究表明，人类可以辨别超过 1 万亿种嗅觉刺激物[3]。科学家们现在相信了，我们的嗅觉可能比眼睛和耳朵更灵敏。简单来说，松露猪，你们可要小心了！事实证明，人类的嗅觉比我们之前以为的要好得多，而且从理论上来说，我们也不太可能在没有意大利面的情况下直接吃松露。我们要抢你们的工作啦。

嗅觉和味觉在由感知、识别、记忆和情感联结构成的迷人舞蹈中相互联系。但最终，嗅觉（不管是来自口腔还是鼻子）都是推动味觉和愉悦感的重要帮手。例如，某个人在闻到纳豆（发酵

过的黄豆，日本人经常在早餐时用纳豆拌米饭吃）的气味时可能
会感受到纯粹的愉悦，但对那些不是吃纳豆长大的人来说，它的
味道就像汗脚、蓝纹奶酪和腐尸所散发的臭味。

香味是整个味道话题中非常重要的一部分，
对主厨而言，丧失嗅觉（嗅觉缺失症）可能
比少了一只手更可怕。

让我们把嗅觉和味觉拆开来看：如果我给你一颗椰子味的夹
心软糖，让你描述它的味道，你大概会说它是"甜的"，可能还能
准确地说出它是"椰子味的"（如果你曾吃过椰子并能回想起它的
味道的话）。甜味是通过位于味蕾的甜味感受器传递给大脑的基本
味觉，而椰子味主要是由你的嗅觉细胞告诉你的大脑它所识别的
味道，再与你尝到的味道相结合（但结合得没有那么紧密）。尽管
科学家们认为味觉和味道截然不同，但我在文中偶尔会互换使用
这两个词语，因为我是一名主厨，不是食品科学家，而且烹饪就
像学习语言一样，有时也可以不完美。如果你捏住鼻子，屏住呼
吸，再尝一颗夹心软糖，你可能会觉得它又甜又有嚼劲，但却说
不出其他东西了。这时候松开鼻子继续咀嚼，保持呼吸畅通，开
启鼻前嗅觉和鼻后嗅觉，突然那个味道就出现了：椰子味。

味觉 vs 味道

六种基本味觉（咸味、酸味、甜味、脂肪味、苦味、鲜
味）可以通过口腔来辨别（还有温度，比如辣椒的"火辣"
和薄荷的"清凉"，以及质地，包括涩味），但是味道，作为

一种概念，结合了这些基本味觉与特质，加上香味和记忆，引导你的大脑形成一幅完整的图像。

味觉感受器

你还记得舌尖尝甜味、舌根尝苦味、舌侧尝咸味和酸味这个说法吗？你还记得？好的，现在把这些通通忘掉。还有20世纪60年代、70年代和80年代（可能还有90年代）的每一位小学教师都使用过的味觉地图（认为舌头用不同的部位感知不同的味觉，各司其职，互不干扰）也要忘掉。事实证明，这张教学图过于简化了德国科学家戴维·P. 黑尼希（David P. Hänig）在1901年做的实验。拿一片柠檬触碰舌尖，你马上就会尝到它的酸味。专属的味觉分区或许会让图示看起来更清晰易懂，但事实是，整根舌头都能感知到这些味道。不过，舌尖的甜味感受器确实比较多，舌根也有更多的苦味感受器，而中段（mid-palate，舌头的中部，我称之为"中段"）的味蕾数量则相对较少[4]。这在你判断自己在一道菜里是否加了足够的盐时尤为重要（详见第二章）。

下面这段文字简单解释了当你吃一口食物时，你的舌头上会发生什么：舌头上的小突起（菌状乳头）内分布着味蕾，每个味蕾大概包含50~150个味觉感受细胞。当你进食时，蛋白质受体会与传递甜味、苦味、鲜味，可能还有脂肪味的味觉小分子结合，而咸味和酸味的信号则是通过离子通道激活的。大多数人有大约1万个味蕾可供使用，这些味蕾每10天左右就会自我更新一次。随着年龄的增长，其中一些味蕾会默默退场，不再复工。事实上，这种情况在40岁左右就开始发生了，这意味着人过四十以后可能会想吃更咸一点的食物，而之前那些美味可口的食物可能会逐渐失去它们的吸引力。你可以通过不吸烟来减少这种损失，而吸烟则会导致味觉感知能力下降。不过，各位中老年读者朋友也不要太过绝望，至少在嗅觉方面并非如此：有一项针对香水师的研究发现，随着年龄的增长，他们大脑中与嗅觉相关的部分变得更加发达了[5]。根据"用进废退"的训练方法，将更多的注意力放在你闻的东西上，或许你的嗅觉能力就会随着年纪的增长而提升。

味觉者的类别

20世纪90年代初，实验心理学家琳达·巴尔托舒克（Linda Bartoshuk）和她的同事在耶鲁大学进行了几次关于味蕾数量以及志愿者对甲状腺药物中某种化学物质（6-n-丙硫氧嘧啶，简称PROP）的苦味的感知能力的实验，并根据实验结果创造了"超级味觉者"一词。成为超级味觉者是遗传的结果，这类味觉者也是较为敏感的食客，他们有时会觉得食物的味道太过了。但请记住，科学仅揭示了味觉和味道世界的冰山一角，所以不该因为你对PROP没有反应就把你归入宽容味觉者或者普通味觉者的阵营，因为还有20~30种的苦味感受器未被纳入上述实验。你可能没有遗传到能够感知PROP的基因，但你或许可以感知到其他的苦味，只是目前还没有科学实验来检测罢了。

你可以用下面的方法来大致判断你属于哪类味觉者，但这并不能作为你味觉能力的最终定论。我们对人类味觉敏感度的了解还是太少。

方法一

购买PROP试纸。网上很容易买到，价格也不贵。把试纸放进嘴里四处移动，如果你尝不出味道，那么你就被认为是宽容味觉者；如果你能尝到一丁点苦味，那么你就被认为是普通味觉者；如果你感觉苦得无法忍受，那你就被认为是超级味觉者。最后，记得吐掉试纸。

方法二

拿一些蓝色食用色素和一个纸孔加固圈（那种贴在有孔活页纸上长得像甜甜圈的小贴纸，用来防止活页纸从资料夹里被扯掉，还有印象吧？）。然后找一个朋友，按照下面的步骤做测试：

1. 请朋友在你的舌尖滴一滴蓝色食用色素。

2. 含一点水漱口，然后把水吐掉。

3. 反复吞咽唾液，直至口腔变干。此时色素应该已将你的舌尖染蓝，而菌状乳头（味觉感受器就在这里）呈现出的颜色则偏浅（通常是偏白或偏粉）。

4. 请朋友在你的舌尖上放一个纸孔加固圈。

5. 请朋友为加固圈内的区域拍一张照片。要确保精准对焦！

6. 放大照片，清点一下你可以看到的明显大个儿的味蕾的数量。忽略那些个头儿很小的。一般来说，如果你有30个以上大个儿的味蕾，那你就可能是超级味觉者；如果有15~30个，就是普通味觉者；如果少于15个，则是宽容味觉者。

7. 请求朋友把你这张像蓝精灵的舌头的照片删了，省得他们发到网上的同时，还嘲笑你味觉迟钝。

如果你是独自一人，那就对着镜子将蓝色食用色素涂在舌头上，然后再放上纸孔加固圈。最后，拍50张全世界最奇怪的自拍照（总有一张会对上焦）。

趣味科普 国际知名学者琳达·巴尔托舒克在有关味觉和嗅觉这两种化学感受的研究领域建树颇丰。她在一项针对4000名美国人的研究中发现，在这些人中，女性超级味觉者占了34%，而男性超级味觉者只占22%[6]。

方法三

这个方法完全是坊间说法，毫无科学性可言，但也不妨问问自己这些问题，想想自己可能会落在味觉敏感程度范围的哪个位置。

1. 你是否对每天吃到的食物感到很满意，不理解为什么身边的人会这么挑食？如果非说有哪里不满意的话，你会不会觉得每道菜都淡了点？你喜欢在每道菜里都多加点盐和辣酱吗？你忍受得了西柚汁、抱子甘蓝和红菊苣吗？如果是的话，那你大概是个宽容味觉者。如果你喜欢喝啤酒花味较重的啤酒，或者从8岁起就开始喝黑咖啡，那可能性就更高了。

2. 你是不是平常很容易就感到满足，但却有很多不喜欢吃的食物？如果可以用烹饪或调味的办法去除抱子甘蓝、红菊苣和苦苣菜的苦味，你会喜欢吃这些菜吗？当你在家里跟着菜谱做菜或者外出用餐时，是否经常对食物感到满意，觉得食物的味道平衡，调味也不错？你最开始喝咖啡时是不是都要加奶加糖，后来才学着喝少奶少糖（甚至完全不加）的咖啡？如果是这样，那你很可能是个普通味觉者。

3. 你是否讨厌大部分蔬菜，但可以接受那些稍甜一些的（如玉米、豌豆和胡萝卜）？你是不是无法接受咖啡、橄榄、黑巧克力和啤酒花味较重的啤酒？生活中是不是常有人说你太挑食？你是不是习惯了总吃同样的食物，而且一般不敢冒险尝试新菜？你是不是对辣椒很敏感，喜欢不太辣的食物？你有没有发现自己用餐时总喜欢往食物里加盐（具体原因详见第六章）？如果是这样，那你很可能是个超级味觉者。很遗憾，对你而言，吃饭有时会是件难以忍受的事，即便食物中最轻微的失衡也会让你难以忍受。放宽心，这不是你的问题（不过，多尝试不喜欢的食物，就算最终无法爱上它，也能提高你对它的忍受力）。

品尝味道的技巧

我敢肯定你一定见过或听说过葡萄酒专家在品酒时会让酒在口中快速打转，发出"咕噜咕噜"的声音，同时还要用嘴把脸颊往里吸。你有没有想过，为什么我们不教厨师用这种方式去品尝食物（先不考虑吸入异物的问题）？事实证明，我们可以从葡萄酒世界里学到许多技巧，我在此将一些品酒技巧运用到了品鉴食物上。

● 虽然不美观，但用舌尖将食物推到上颚，同时呼气，这可以激活鼻后嗅觉感受器，使你更容易尝到大部分的味道。

- 下回品尝食物时，试着闭上眼睛。关闭一种感官（视觉），从而专注于另一种感官（味觉），这通常有助于你判断食物里究竟缺少了什么。

- 在品尝前，确保盐或其他调料（醋、油脂、香料）已与食物充分混合，否则你可能会错判这道菜需要增加什么味道。在添加盐或者辣椒粉等调料时，这一点尤为重要。

- 大多数人在尝到自己喜欢的食物后会低声"嗯嗯"几声。通过仔细观察我自己品尝食物时的反应，我发现，如果某道菜尝起来不错但味道稍稍有点不均衡，我就会发出一声短促的"嗯"，但我的眉头是皱着的，而且还会打一个问号。如果你发现自己也有这种反应，赶紧把握住这一时刻！是时候从大盘子里取出少量食物（利用你在本书中学到的知识）来检验你的理论，提升菜肴的味道了。加一点盐、醋、香料，或者任何你觉得这道菜缺少的调料，不过我敢打赌，肯定是盐。添加的调料是否让食物变得更美味了？短促的"嗯"是否被拉长了？你刚刚是不是激动地和自己击掌了？如果是，那就加对了东西。接下来，继续分批给大盘子里剩下的食物调味，然后**停下**。或许添加的调料让你皱紧眉头，连短促的"嗯"都没有了？糟糕，那一定是加错东西了。再拿一小份试一试。记住，一次只能检验一种理论。

- 试吃太烫的食物不仅仅会灼伤自己，还有可能使味觉变迟钝。等食物冷却一点之后，再将其送入口中细细品尝。

- 原本完美调味的食物如果被放进冰箱保存，等你第二天从冰箱里拿出来品尝时，它的味道会变淡。试吃剩菜时一定要让菜肴的温度和上菜时保持一致，如果试吃时的温度不同，你就无法准确判断味道。如果最后必须改变上菜时的温度，那么你或许需要重新调整调味品。

味觉是主观的

味觉就像音乐或者艺术一样，是主观的。某个人嫌弃的炭疽乐队（Anthrax）或造反猫咪乐队（Pussy Riot），或许是另一个人的最爱。这个人的最爱可能是果酱，而另一个人有可能非常讨厌果酱。这些人都没有错。这就是为何我们常说人的品位是无法解释的（不过那些讨厌造反猫咪的朋友，这个乐队真的很棒啊）。虽然品位是主观的，但若能了解音乐、艺术和食物背后的基本原则，你对它们的理解就会更加丰富。各行各业的翘楚就算将这些基本原则都牢记于心，在创作时也时常会改变或打破自己的规则，而有时就是在改变的过程中，真正的天才才会出现。不过，就算是天才，他们最初学习的也很可能是该领域的基本原则。从了解基本原则开始，然后进入厨房，打破所有规则。

说到主观性，如果你曾怀疑过自己是不是"尝错了味道"，或者被别人指责味觉不够"好"，你永远都不需要为自己的个人感知力做辩解。最可以依赖的就是你自己（而且只有你自己）的体验。任何书籍、科学家或是来自同龄朋友的压力都无法让你喜欢上你根本不喜欢的东西。话虽如此，你还是应该尝一尝纳豆，这样你就知道它的味道有多糟了。对不起，日本！我会以其他100万种方式去爱你。

许多人都能做出美味的菜肴，但这本书将会帮助你把美味的菜肴升级为真正的佳肴。让我们开始吧。

一本菜谱书不值得你购买的五大标志

1. 如果你读了几篇菜谱，发现文中并没有建议你使用什么盐，或者在菜谱最末才提到要加盐，你就需要谨慎一些了。第二章会解释具体原因。制作大多数菜肴时都应该趁早加盐、分次加盐，而且盐的种类对盐的用量也有很大影响。

2. 如果一本菜谱告诉你要按照油和醋3∶1的比例制作油醋汁。第三章会解释为什么这个说法是不准确的。

3. 如果一本菜谱用"鲜味"这个词来描述不含蛋白质的食物。第七章会解释为什么食物要有鲜味就必须含有蛋白质。

4. 如果一本菜谱建议你只能使用粉状的香料，并且要将香料直接加到清汤中（不需要烘烤，也不需要事先浸泡在油中），或者书中有几篇菜谱提到了要使用新鲜香草，却只要求随意加入1茶匙。第八章会让你明白香味的重要性。

5. 翻开一本菜谱的索引，看看是否出现了焦糖洋葱这道菜。如果找到了，直接翻到那一页，阅读制作方法。如果书上写的制作时间少于10分钟，那根本就是白日做梦，而且整本菜谱都不可信。第九章会解释具体原因。

第二章

咸味

烹饪专业一年级的学生惹眼的原因有很多，不仅仅是因为那顶看上去傻乎乎的白色厨师帽。我在一英里开外就能认出一年级学生的菜谱。我知道，我也是这么过来的，我也犯过所有同样的错误。

最明显的一点就是他们还没学会走就想跑，什么都想试一试，而且总是一股脑儿地将食材混合在一起，就像孩子看到闪闪发光的新玩具那样兴奋。这些学生会在盘子里喷点马郁兰油、滴上几滴甜菜泥、撒些布里欧修面包糠、摆一片鲑鱼和几只生竹蛏，最后再用乳状的鱼露和蜗牛泡沫（snail foam）做点缀，之后他们便往后一退，环顾四周，想得到别人的肯定，以证明自己来这里只是为了获得学分，因为这一刻他们本可以在《顶尖主厨大对决》的舞台上赢得桂冠。我瞎说的，但与实际情况也沾了点边。

他们的一腔热血带来了本末倒置的问题。尝一口那甜菜泥，就会发现它严重调味不足，我在这里所说的"调味"指的是盐（我的怒吼详见第173页）。另外，竹蛏又加了太多的盐，以至于它们在盘中乱爬，四处寻找回海洋的路。学生们为了打造复杂的味道，反而使整道菜味道失衡、用力过猛，而且毫不协调。某些食材无法与其他食材和谐共存。然而，在这里，最重要也最难学会的一点是：盐几乎总是问题所在，而且也几乎是所有问题的解决办法。

撇开选用优质、当季的食材这一因素不谈，要想做出美味佳肴，最基本也最重要的元素就是盐。其他任何食材，无论是香草、香料还是辣椒，都是为了锦上添花。盐就像音响的音量键，可以放大食材的精华，也可以使渗入胡萝卜、牛排或面包的复杂味道更加突出。盐量适当的菜肴尝起来不会太咸，更多的是食物本身的味道。胡萝卜汤喝起来会有更浓的胡萝卜味，更甜，也更微妙。盐使食材大放异彩，细心调味，耐心品尝，一切都会大不相同。但如果忽视了对盐的运用，那么再精美的摆盘与原本可能令人着迷的味道组合都会被毁掉。

你说蜗牛泡沫？哦，那是一种永远都做不好吃的配菜。

关于盐的基础知识

盐是所谓的**调味品**，它并不能靠自身提供味道，但可以提升其他食材的味道（糖和味精也是调味品）。盐是使我们的身体正常运转的重要成分，它驱动神经和肌肉发挥功能，调节细胞水分平衡。严重缺乏盐分会导致死亡。不过大部分美国人的问题刚好相反。饮食中过多的钠会导致高血压和其他心血管疾病。但是在把你厨房里的盐扔掉之前，请先记住这一点，即美国人饮食中绝大多数的盐（超过75%）都来自加工食品和餐馆里的菜肴[7]。在这一点上，人们在家常菜里为了最大限度地提升味道而加的盐并不是罪魁祸首，因为它让食物变得既美味又不会过咸。

我的经验是美味的家常菜更有可能满足你，也更有可能抑制嘴馋。迈克尔·莫斯（Michael Moss）在《盐糖脂：食品巨头是如何操纵我们的》（*Salt Sugar Fat: How the Food Giants Hooked Us*）一书中揭露了加工食品行业诱人上瘾的诡计，他指出："这个行业滥用的不仅有盐，还有糖和脂肪。这三种原料是加工食品行业的支柱，没有它们就没有加工食品。它们通过增加味道和诱惑力叫人嘴馋。但令人惊讶的是，它们还遮盖了生产过程中产生的苦味。而且它们还使这些加工食品能在仓库或货架上保存数月。"增加加工食品的酸度和甜度可以改变人们对盐的感知。换言之，加工食品制造商通过提高盐、糖和脂肪的含量，为加工食品创造了一种不可抗拒的、许多人所说的令人上瘾的形象。另外，你在家中应该不会为了让家人对盐、糖和脂肪上瘾，而在家常菜上动手脚吧。在家庭厨房里，你不太可能用你的食物玩同样的把戏。据我所知，大多数家庭掌勺人实际上非常害怕用盐，因此他们烹饪出的食物大多都严重调味不足。

咸味和鲜味相得益彰，而鲜味是使肉类、蘑菇和陈年奶酪变得极度诱人的一种可口的基本味道。咸味与鲜味结合在一起时会产生一加一大于二的效果（详见第七章对鲜味的详细介绍）。盐还有助于强化麸质（一种使面包和烘焙食品具有结构和耐嚼口感的蛋白质基质），因此在意大利面、面包和比萨面团里加盐非常重要，这不仅仅是为了改善味道。

盐还有助于食物释放诱人的香味。美食杂志《美味》(Saveur)的编辑马克斯·法尔科维茨（Max Falkowitz）做了一个简单的实验，证明了这一点。炒洋葱时，在加盐之前和加盐之后分别闻一闻洋葱的味道，你应该会发现，加入盐几秒钟之后，洋葱的香味更加浓郁诱人。同理，烤架上的牛排要是不加盐，其味道闻起来就没有那么馋人了。

最重要的是，正如我跟学生们说的那样，加盐要"尽早且经常"，因为这会对最终的成品产生重要的影响。例如，炒洋葱时加盐能够加快汁水渗出（通过渗透作用），从而缩短烹饪时间。假设你正在做一道土豆浓汤，一开始，你忘了给洋葱加盐，等加土豆和水时又一次忘了加盐，那么当土豆开始膨胀、变软时，它们就会吸收味道寡淡的清汤，等到最后给汤调味时，你就会发现无论加多少盐，土豆都没有味道。而为了弥补土豆的寡淡无味，你最后又把汤弄得太咸了。到头来，你只得到一碗味道不协调的汤，其中有些东西太咸了，而有些东西又太淡了。唯一的补救措施就是将它打成土豆泥。

我很早就从朱迪·罗杰斯（Judy Rodgers）的《祖尼咖啡馆菜谱》（*Zuni Cafe Cookbook*）中了解了提前腌肉的威力。大块的肉（烤肉、羊腿、大型禽类）需要较长的腌制时间，而相对薄一点的肉片，比如肋排或里脊，需要的时间则少得多。处理火鸡时，我会提前好几天用盐或干式盐渍法（dry-brine）腌制它；单片牛排的话，当天早晨腌制即可。大约5分钟之后，渗透作用会把肉里的水分抽出来，并与盐结合，这就是为什么煎牛排最糟糕的时间是腌制后的几分钟到40分钟，因为表面的水分在热锅里会被蒸发掉，导致牛排变干。理想的做法是，至少腌制1个小时后再煎牛排，因为这时溶解在牛排释放的水分里的盐会被肉重新吸收（反渗透原理）。静置久一点（我会将腌制后的牛排冷藏6~8个小时），盐就会渗透到肉里（扩散作用），改变蛋白质的结构，让肉吸收更多的汁水。如果你忘了事先给肉加盐，那么就在牛排入热锅时立马加盐，不要让水分有机会在表面凝结[8]。

趣味科普 孕妇对咸味的敏感度更低，因此想要更多的盐。科学家们推测，这种敏感性的降低会促使孕妇在母体和胎儿

21
咸味

都需要额外的液体与营养时摄入更多的盐[9]。

在打好的蛋液里加入盐，静置10分钟再下锅，这样一来，鸡蛋的嫩滑度会大不相同。注意，事先加盐的蛋液的颜色会稍微变深，不过我感觉用这一点点色差换来嫩滑的口感是值得的。即使是洋葱和茄子这样结实的蔬菜也能因为提早腌制而获益。但并不是所有的食物都应该提前加盐：脆嫩的生菜沙拉会因为加盐而打蔫，番茄则会出水。海鲜的质地本就细腻，若提前加盐，则不容易保留水分（除非你打算腌制它），肉会变得又硬又难嚼。不过，把鱼片放在盐水里泡一下或者在入锅前30分钟之内加盐腌制可以使整片鱼肉得到充分的调味，只是我通常觉得没有必要这么做。

盐最厉害的一点就是它能够抑制食物中令人讨厌的苦味，同时还能够凸显那些讨喜的味道，比如甜味。如果你在对半切的葡萄柚上加一小撮盐，就能丰富其味道，同时抑制一些苦味，并使它以往淡淡的甜味变得更加明显。无论是哪种甜点，我在制作过程中总是会加至少一小撮盐，以增强甜味，并激发这道甜品最主要的味道。而在某些甜品中，我有时不止加一撮盐，以突出咸味与甜味的对比。如果你对海盐巧克力曲奇或者咸味的焦糖冰激凌百吃不厌，你就会明白我的意思。

没有盐，一道菜就会缺乏统一性和平衡感。有些食材味道太重，有些食材味道又太淡，最终成品可能无法将这些味道完美地融合在一起。想象一个杂乱无章的阿卡贝拉合唱团：男高音部分是女高音的尖叫，女低音凶猛地吼了回去；男中音跑去抽烟了，男低音几乎听不见；第一女高音和第二女高音正在音乐厅的另一边唱歌。他们需要的是一个指挥，一个领导者，负责把他们召集到一起并主持演出，同时还要循循善诱，把每个人最好的一面激发出来，并让强势者收敛一些。盐就是食物的指挥，它把各种食材集合在一起，允许你挑出某些特定的音调，协调其他音调，带给你一种令人愉悦的复杂而统一的和谐之音。

如何判断盐是否放少了

判断方法比你想象的要容易，不过仍需要练习与专注。我们舌头中段的味蕾数量比其他任何部位都少，这里也是味觉逐渐消失的地方。好好利用这个知识，逐渐增加盐的用量，直至自己从舌尖到喉咙都能尝到食物的味道。如果食物的含盐量过低，你可能会感觉舌头中部好像开了一个洞，味道从那里陡然跌落。当食物触到舌尖时，你可以感受到它所蕴含的潜力，但当食物向后移动时，呃，这股潜力却消失了。或许舌根可以隐隐尝到味道（尤其是苦味），不过也是昙花一现。这就是一道含盐量严重不足的菜肴给人的味觉感受。

不过，逐渐增加盐的用量能够弥补中段味觉的不足，让平衡的味道在舌头上延伸得越来越远。最终，当你加够了盐，舌头从前到后各个部位尝到的味道就统一了，并且像好酒一样回味悠长。理想情况下，这时的食物尝起来并不会过咸。相反，此时的味道应该是均衡的，而且不会出现某种味道独霸一方的情况。

尽管被加入食材或菜肴中的盐能够激发出它们的基本味道，但显而易见的是，如果你一开始用的食材就不怎么样，那么盐能发挥的作用也就十分有限了。例如，将上周剩的用不新鲜的食材做的合理调味的沙拉与上周剩的用不新鲜的食材做的没有调味的沙拉进行比较，你会发现，前者的味道并没有比后者好多少。

解密盐的问题

当食物里的盐不够时，你可能会发现下列问题。

- ●舌头中部像是被棉花或纱布裹住了一样，味觉变得迟钝。
- ●食物碰到舌头中段时尝不到味道。
- ●能够尝到菜肴里部分食材的味道，但其他的却不见了。
- ●感觉菜肴里的每一样食材都在争占鳌头。

如何拯救一道过咸的菜肴

1. 加量或稀释。换句话说，加入更多其他的食材，使盐分散开。如果你的沙拉太咸，那就多放一些生菜。如果汤太咸了呢？那就加入一些奶油或（无盐的）高汤来稀释。有什么事你不该做？不要在汤里加土豆块来"吸收多余的盐分"。说真的，别这么做。因为完全没用不说，最后还可能会做出一道没人喜欢的土豆泥。有些厨房谬论就是不会消失。

2. 加入一些糖、蜂蜜或干果等食材来提升甜味，这样完全可以骗过你的大脑，让它相信食物里的盐变少了。不过，想不到吧，其实一点儿也没少。

3. 加入少量的柠檬汁或醋，翻动或搅拌均匀，并且多次品尝，直到你感觉不太咸为止。酸味会降低人们对咸味的感知。如果你常常觉得餐馆里的菜太咸了，不妨要一块柠檬角或一些醋来调味。虽然你可能还是会因水钠潴留而引起脚踝水肿，但至少这一餐会吃得比较享受。

4. 加入脂肪来"包裹舌头"，这样做可以降低人们对盐的感知。例如，在过咸的泰国汤里加一些椰奶，或者在过咸的沙拉酱汁里额外加少许橄榄油。

5. 如果上述单个方法都不起作用的话，那么可以尝试随意组合这四种方法。

咸墨西哥玉米片奇案

情境：你用一颗牛油果、一撮盐和一颗青柠做了一个简单的墨西哥牛油果酱。你尝了下味道，觉得不够咸，但你认为，搭配咸墨西哥玉米片一起吃时，就会有足够的咸味来激发牛油果酱的味道。

问题：当你用咸墨西哥玉米片蘸牛油果酱吃时，咸玉米片提升牛油果酱的味道了吗？你嘴里留下的是什么味道？是牛油果酱里的牛油果味还是咸玉米片里的玉米味？

答案：当你用蘸酱搭配咸玉米片一起品尝时，要确保两样食物咸味相当，否则两者中较咸的那一个就会压过另一个。在咸墨西哥玉米片这个例子中，咸玉米片里的玉米味就成了你尝到的主要味道。搭配食物时，一定要品尝每种主料和计划中的配料，以此检查整体搭配是否和谐。在牛油果酱中多加一些盐（足够的盐），虽然单吃蘸酱本身会感觉太咸，但是这种咸会平衡咸玉米片的咸，并将牛油果的味道提升到它该有的程度。咸玉米片的咸味完成了它的本职工作，突出了玉米本身的味道，而在搭配牛油果酱时，却盖住了牛油果的味道。虽然在搭配咸玉米片的蘸酱中加入更多的盐似乎有违直觉，但它真的管用。试试看吧。

盐的种类

你是否尝过加碘盐的味道，不搭配食物直接尝的那种？如果你经常用这种盐却没有单独尝过它，那么我建议你试一试，接着再比较一下犹太盐（kosher salt）和细海盐的味道，看看你喜欢哪一种。我们在烹饪学校做的头几件事里就包括盲品各种盐的味道。我现在回头看自己当时的笔记真是大吃一惊：加碘盐味道强烈，有化学的余味，是我最不喜欢的。而在那之前，我只尝过这种盐。

但是这个测试仅仅强调了加碘盐的微妙味道（或者更有可能是添加的碘的味道），归根结底，任何形式的盐，如加碘盐、犹太盐、细海盐或片状海盐，本身就是盐。也就是说，无论哪种盐，一般都可以激发出食物的味道，平衡各种元素，并通过渗透、盐浸、腌制等方式产生各种物理和化学反应。

烹饪用盐量较大的菜肴时，我个人喜欢用犹太盐，比如在煮意大利面或汆烫蔬菜的水里加盐，或者做盐烤鱼，因为这种盐更便宜，也比较容易用手指捏起来。钻石牌（Diamond Crystal）犹太盐的味道和质地是我最喜欢的，而且它不含防结块剂，在我看来，这种添加剂根本没必要。除了上述情况，其他时候我几乎都会选用细海盐调味，偶尔我也会用片状或大颗粒的海盐给一道菜收尾，为的是增加一点脆脆的口感。不过我还是要再次说明一下，如果你想要了解盐究竟如何影响食物的美味程度，不妨轮换使用不同的盐。不过要记住一点，犹太盐和片状海盐的体积比细海盐和精制盐都大，所以当你改变配方时，我建议精制盐与犹太盐的比例为1∶1.75，这样才能获得最佳的效果。

用盐量的换算

菜谱中1茶匙精制盐，相当于1¾茶匙钻石牌犹太盐。精制盐和细海盐的用量如果少于1汤匙，就按1∶1换算，但如果用量超过1汤匙，细海盐就要稍多一些：1汤匙精制盐相当于1汤匙加1/4茶匙细海盐。注意：摩顿牌（Morton）粗犹太盐比钻石牌犹太盐更扁平，密度更大，与精制盐的兑换比例是1∶1，不过比起其他品牌，我还是更推荐钻石牌。

在做本书的实验时，为了使预期结果标准化，请仔细阅读我所指定的盐的种类及用量。我会指明何时用细海盐，何时用犹太盐。

如果你需要烹饪少盐菜肴

美国卫生与公众服务部在2015年发布的《美国人饮食指南》中建议大多数美国人每天的钠摄入量应限制在2300毫克（大约1茶匙精制盐）以下。如果你经常超过这个建议用量，并且能从少盐饮食中受益，那么当你在家下厨时，就可以通过以下办法做些调整。对，就是这么简单。

1.保持耐心。在你逐渐戒掉加盐习惯的过程中，你会越来越适应食物本身的咸味。到最后，不需要加太多的盐，你也会觉得菜肴十分美味。

2. 有人建议通过增加香草和香料的用量来弥补食物中缺少的咸味，使其变得更有吸引力。但遵循这条建议时，请你务必小心，因为许多香草和香料自身带有苦味，少了盐来中和苦味，就会放大食物的不均衡感。例如，在少盐的辣酱里额外加一些孜然、牛至叶和百里香，辣酱的苦味就会增加，许多人尝起来就觉得不太可口了。替代做法是选用那些本身苦味较淡的香草和香料为同一道菜增添趣味性和多样性，比如香菜和甜红椒粉。

3. 一定要选用新鲜、色彩丰富、质地多样的食材，因为这样会增加菜肴的趣味性。

4. 话虽如此，请克制住你的冲动，不要用一大堆不同的食材来增加少盐菜肴的复杂性。记住，盐是这支食材"管弦乐队"的指挥。没有盐，菜肴的味道可能会是杂乱的、不均衡的，而加入更多的食材只会加剧这种情况。

5. 少吃加工食品和包装食品，有助于恢复你的味觉，并且可以有效提升你对盐的敏感性。这样一来，以后只要少量的盐就可以满足你了。

我如何学会烹饪世上最糟的（后来成了最棒的）犹太无酵饼丸子汤

　　虽然我在烹饪学校的第一周就学习了和盐相关的知识，但几个月之后，我发现自己站在厨房里盯着眼前那一锅寡淡无味的犹太无酵饼丸子汤发愣，当时整个人都傻了，完全不知道到底少了什么。事实证明，这锅汤从一开始就加入了我的一小撮狂妄自大。我当时试着改造奶奶的菜谱，而这道菜对小时候的我来说，其功效犹如"液体青霉素"。此外，它还是我们全家人能想到的用一只鸡做出的最抚慰人心的菜肴。但由于我即将成为一名主厨，所以我觉得自己一定能胜奶奶一筹。我想把在学校里学到的扎实的法式烹饪技法运用到她的汤里，我要把一道已经很棒的菜肴做得更好。

我坐下来快速地写了些笔记。首先要做的是：奶奶那个时代的做法是把整只鸡扔进锅里熬汤（毕竟，等汤熬好，再将白肉盛出来装进汤碗，肉煮得就太老了），而我把整只鸡拆了，将黑肉（鸡腿肉）和白肉（鸡胸肉和鸡翅）分开，先煮黑肉，再煮白肉。先把拆下来的鸡骨和多余的鸡脖子还有鸡背骨一起烤至焦糖色，以获得更丰富、更浓郁的味道。我会在烤盘里加一些白葡萄酒烤至收汁，然后再将烤盘里味道丰富的汤汁和百里香、月桂叶、茴香、韭葱及胡萝卜混合后倒进高汤。炖煮几小时后，滤掉残渣，再将高汤收汁，以提升味道。接下来，我会拿一口干净的锅，加入一些鸡油，用洋葱、茴香、胡萝卜、韭葱和芹菜重新煮一锅汤。奶奶总是用清水煮丸子，而我打算用清水和高汤混合后的汤底煮丸子，这样丸子就能吸收额外的味道了。最后，我会把高汤、完全煮熟的肉和滚圆的丸子混合在一起。

丸子汤香味扑鼻，惹人垂涎。我进厨房尝了尝。结果竟然一点味道也没有。一定是我的味觉出了问题。我又尝了尝。还是同样的结果。我费了这么多时间、这么多精力煮出的一锅汤，味道淡得就像是有人把一只鸡在一锅温水里涮两下煮出来的味道。我的评价已经算是客气的了。

那么到底是哪里出了错？在烹饪学校里，老师警告我们不要在高汤里加盐，这是有原因的。高汤是大多数专业厨房里的"老黄牛"，用途多样。厨师们可能永远也不会知道这些高汤的最终用途。如果像煮法式多蜜酱汁似的把汤汁收得很干，那么高汤里加入的盐最终可能会导致成品几乎无法食用。因此，加盐要趁早且经常（高汤除外）。不过，一旦你进展到用高汤煮汤，即收汁程度有限时，就是时候再次拿出上面的格言并开始加盐。我光记着不能给高汤加盐，而等到要给汤增加味道时，我则完全忘记了加盐这回事。我倒是记得要给丸子加盐，但我试吃的第一口却只尝了汤。

苍天啊，我可是对这道汤寄予了厚望啊。毕竟当时满屋飘香，我的骄傲自大和自满达到了历史新高，而那锅寡淡无味的伪装成汤的"洗碗水"真是太羞辱人了。当时还是厨房新手的我觉得这道汤毁了，而我花费的所有时间、努力还有那些额外的步骤，全都白费了。我根本没想到盐能把我刚刚尝过的清汤寡水变成美味佳肴。这就是盐的力量。

不过我没有把汤倒掉。我想着，反正也不会更糟了，所以我索性就继续加盐，看看结果如何。我加了点盐，搅了搅，又尝了尝。没有变化。我继续加盐。直到最后，我终于尝到点什么了：一点胡萝卜味、一丝茴香味，以及烤鸡骨所散发的浓郁的泥土味和焦糖味。这些味道从我的舌尖开始蔓延，随着我不断往汤里加盐，它们渐渐填满了我的中段味觉，最后延伸到舌根，并在整个口腔后部持续了好久。当汤最终"抵达终点"时，我真的"尝到了"之前投入的所有心血、多花的时间，还有技巧。有多少人曾经直接咽下或倒掉自己失败的菜肴，却不知道多加点盐和耐心，继续试菜，这样就能在眼皮子底下化腐朽为神奇。最终，我煮出了一锅令人惊叹的汤，这也是我尝过的最美味的丸子汤，而唯一美中不足的是，它不是奶奶煮给我的。如果你想亲自体验这道汤的美妙之处，请参见第36页的菜谱。

味道尝起来像大海

世界上有两类人：一类觉得含混不清没什么关系，另一类则完全无法忍受。后者需要每件事都解释得清清楚楚，明明白白，而他们在遇到"适量"这类用法说明时往往会很焦虑。

大多数人都处在钟形曲线的中间，在不介意或很焦虑之间摇摆，这取决于他们当下的心情。我自己下厨时通常不会用量勺之类的工具，而是凭感觉和经验。我曾向几位不是厨师的人传授过这种随意的逻辑。有一次，我和一个朋友说，一定要确保焯四季豆的水的味道"尝起来像大海"。通常别人都不会问我这到底是什么意思，他们会理解为"好的，非常咸就对了"，然后就去做菜了。不过，我刚刚有提到这个朋友是位海洋物理学家吗？

告诉她把味道调得"尝起来像大海"是完全站不住脚的。她在邮件中回复我说："开放海域海水的平均盐度约为35‰（ppt）。4夸脱的水大约是4升，所以1 ppt=4毫升，35 ppt=140毫升。每茶匙大约有5毫升，每汤匙等于3茶匙，所以需要9~10汤匙的盐。你要我在一锅水里放10汤匙的盐？这也太多了吧！"

所以我直接打电话和她说，让她把咸度调得和大海一样可能确实是我的问题。为此，我又机智地提供了另一个思路，让她把焯四季豆的水调到微咸的程度，大概类似普吉特海湾吧。

"好吧，普吉特海湾的海水盐度大概为25‰，"她说，"那么锅里大概要放7汤匙的盐，你是这个意思吗？""呃，"我回答说，"在你的锅里放2汤匙犹太盐就够了。"

那天稍晚的时候，她留了条语音消息给我："你以后应该和别人说，把咸度调到瑞典和德国之间的波罗的海那种程度。"

好味道的秘密

实验时间

教学内容：了解盐如何指挥一道菜，把各异的"乐团成员"聚集在一起，并让整体保持平衡。

细心的读者会发现，我一直在讲食物里加了分量刚好的盐益处多多，甚至都有点着魔了。不过，没什么比亲身经历一番更能牢记这一课。如果盐当真如此重要，那么当你将盐从菜谱中完全移除时会发生什么呢（假设你是一个离了菜谱就做不了饭的人）？让我来为你演示。请按照下方实验菜谱的要求小心操作。我将会带着你一步一步做出一道最终美味可口的沙拉（相信我），但在制作过程中，由于没有盐的神奇魔力搭一把手，味道会难吃得令人印象深刻。准备好纸和笔，因为我会请你随手记下一些想法。在品尝过不同阶段的沙拉并思考了每个问题之后，再阅读我的评论，看看大多数人在味觉实验的个别阶段都经历了什么。

这是本书最重要的实验。用对了盐，其他一切都将水到渠成。你一定会对盐另眼相看的！

五香胡萝卜沙拉（4人份）

- 1磅胡萝卜（请选用你能找到的最优质、最新鲜、顶级的胡萝卜，最好是当地产的），如果不是有机胡萝卜，请去皮
- 1/2茶匙孜然粒
- 1段（1英寸长）肉桂
- 3汤匙现榨柠檬汁，多准备一些备用
- 最多2茶匙细海盐

- 1茶匙蜂蜜（非必选项）
- 1/4杯山羊奶酪（契福瑞奶酪）
- 1/4杯现剁意大利欧芹碎末
- 1汤匙塞拉诺辣椒末（去掉辣椒籽和膜，除非你喜欢吃辣）
- 1茶匙现切生姜末
- 1/4杯特级初榨橄榄油
- 1茶匙甜红椒粉或烟熏红椒粉
- 1/4杯烤南瓜子，装饰用

1. 先单独尝一口胡萝卜。注意它的甜味或土味有多重，是否有苦味。

　　贝蒂有话说： 大多数人会在舌尖尝到一点甜味，咽下去5~10秒后，一些人可能会感觉嘴里留有苦味（第9页解释了基因对味觉感知力的影响）。

2. 用刨丝器粗孔的一侧或食品加工机将胡萝卜刨成粗丝，然后放入碗中。用量在4杯左右。

3. 取一个中等大小的、干燥的平底锅，放入孜然粒和肉桂，用中高火烘烤，直到孜然粒变成褐色并散发出香味，过程大约1分钟。用手把肉桂分成小块后，再将其和孜然粒、红椒粉一起放入香料研磨机或研钵中磨碎（用细筛网过滤掉没有磨碎的大块的肉桂，当

你手动研磨时，特别容易出现这种情况）。它们闻起来很香吧？

4. 把混合香料撒在刨好的胡萝卜丝上，然后搅拌均匀。现在尝一两根胡萝卜丝。你嘴里是什么感觉？请描述一下质地。香料对胡萝卜的甜味有什么影响吗？

贝蒂有话说：很难吃吧？你是不是已经在骂我了？没有盐的帮衬，香料会突出胡萝卜的干涩和土味，完全盖住了胡萝卜自身的甜味。香料的味道太过强烈，在味觉上造成了严重的不平衡感。

5. 如果我现在不允许你给这道菜加盐，你会加什么呢？脂肪？酸？先试试油吧。将橄榄油充分搅拌到胡萝卜丝中，然后尝一尝。结果如何？

贝蒂有话说：脂肪既能包裹味蕾，又能传递味道（详见第五章），但橄榄油比较特别，加了它之后，食物可能会变苦或变酸，也有可能不会。这道菜可能会变得油腻，也可能会更苦，而香料味则可能会变淡一些。脂肪的水分会提升一点质感，但总归还是难吃。你可能会开始注意到，舌头中段还是尝不到味道。

6. 是时候验证一下酸味理论了。把柠檬汁加进碗里，和其他食材混合均匀，然后再尝一尝味道。

贝蒂有话说：不错，我们好像略有进展了。酸味明显平衡了脂肪的油腻，提升了这道菜的活力（详见第三章），但在这一刻你应该会感觉到，食物的味道在舌头中段就消失了。这道菜尝起来不再恐怖了，但没有灵魂。味道消失得很突然，没有余味，而且各个"乐团成员"也没有形成统一的整体。

7. 现在是时候加盐了。先加1/4茶匙细海盐。混合均匀以后尝一尝。我特意不让你多加盐，为的是先稍微挑逗一下味蕾。注意观察，舌头中段那个假想的洞正在被慢慢填满。继续加盐，每次加1/4茶匙，之后尝尝味道。当你的整根舌头都能尝到沙拉的味道时，就说明盐已经加够了。仔细听，你是不是开始发出"嗯嗯"的赞叹声了（当然，并不是每个人都好这一口，如果你没有发出赞叹，也不要感到难过）。当你加入适量的盐时，你会发现胡萝卜味又回来了。如果你一开始尝到了苦味，那么由于盐已经开始施展去除苦味的魔法，这会儿苦味应该变淡了。如果沙拉还是带点苦味，就拌入一些蜂蜜来增加甜味。

8. 最后，锦上添花：加入山羊奶酪、欧芹、辣椒和生姜。盐把不同的食材结合在一起。山羊奶酪、香草、香料及辣椒的辣味都不是这道菜的必备元素，但它们的额外加入可以使其变得更有吸引力。一旦你学会了辨别菜肴何时咸味不够，你就应该先加盐，再考虑别的食材。加入这些额外的食材之后再次品尝沙拉，确保增加的食材没有破坏平衡。如果你希望沙拉的味道更清爽，可以多加些柠檬汁，但要记住，酸味会降低人们对盐的感知，所以加了柠檬汁后要再尝尝味道——你可能需要再加些盐来保持平衡。上菜前，上面放些南瓜子作为点缀。

注：可以用这道沙拉来搭配烤羊肉。

致敬奶奶的犹太无酵饼丸子汤（6人份）

　　这道汤的品质取决于你用的汤底（以及你是否记得往汤里加盐，可别像我一样）。可以按照第38页的菜谱熬制高汤。你可以提前一周把高汤做好，然后放进冰箱冷藏。若用约1夸脱大小的容器装好冷冻，则最长可保存6个月。解冻时，只需要将容器放在温水中，等到边缘化冻，把高汤倒进锅里煮沸就可以用了。

制作无酵饼丸子要用到的食材：

- 4个鸡蛋，稍微打散
- 1杯曼尼舍维茨牌（Manischewitz）无酵饼面粉（积习难改，我还是喜欢用奶奶最爱的牌子）
- 2夸脱水
- 1/4杯植物油，有鸡油（或鹅油）更好
- 约1夸脱加1/4杯烤鸡高汤（菜谱附后），分成2份
- 1½汤匙犹太盐

制作汤底要用到的食材：

- 2夸脱（要没过鸡肉）烤鸡高汤
- 1把意大利欧芹，梗叶分开，叶子大致切碎
- 5根新鲜的百里香
- 2茶匙细海盐
- 1茶匙茴香籽（非必选项）
- 1/4茶匙红辣椒片（非必选项）
- 1/2杯茴香，切成小丁（非必选项）
- 1只鸡的带骨鸡胸肉和鸡大腿肉
- 1大颗洋葱，切成中等大小的洋葱丁
- 4根芹菜，切成1/4英寸长的半月状
- 2根中等大小的胡萝卜，对半纵切后再切成1/4英寸长的半月状
- 现磨黑胡椒

01 企鹅手绣经典系列(10周年纪念版)

[英]肯尼斯·格雷厄姆等 著
杨静远 等译

纸质书颜值与工艺的巅峰,以精致美感和手作温度,传递文学经典之美

02 未读图像经典世界名著系列

[俄罗斯]列夫·托尔斯泰 等著
[法]丹尼尔·巴德特 等改编
陈贝 羊靖乐 刘雅为 译

世界名著图像版重磅来袭!带你感受文字和图像的双重魅力

09 无聊发明合集

[美]史蒂文·M.约翰逊 著
万洁 译

特别无聊、荒诞,但超级好玩、有趣的脑洞发明合集,千余幅专为中国读者定制的全彩手绘图首次集结成书

10 二战信息图

[法]让·洛佩兹
[法]樊尚·贝尔纳
[法]尼古拉·奥宾 著
[法]尼古拉·吉耶拉 绘

士兵、武器、战场和世界历史,国内首部二战史视觉资讯信息图

03 因为艺术,所以法国

翁昕 著

艺术格局打开了!打开格局,提升审美。法国艺术1200年精华尽览,艺术与霸业崛起之路

04 生活,朴素且散发光芒

曾焱冰 著

探访北欧式幸福的秘密,在"内卷"和"躺平"之外还可以怎样生活?庄雅婷、苗炜推荐!

11 旅行者号系列

前往愤怒小行星的漫漫旅途+封闭的共同轨道

[美]贝基·钱伯斯 著
梁涵 赵晖 译

当人类不得不与外星人成为工作伙伴,该怎么办?以AI和改造人为双主角的科幻小说,探索非人视角下生命存在的意义

12 目瞪口呆看智人

[法]弗朗索瓦·邦 著
西希 译
[法]奥罗拉·卡雅斯 绘

回到史前的壁画前、篝火旁,看有文化的"疯狂原始人"如何主宰世界

05 罗素哲学三书

[英]伯特兰·罗素 著
田王晋健 王喆 孙洋 译

聚焦知识论,重新构建完整的罗素哲学世界。除了幸福和理想,我们还需要知识和智慧

06 如何破解爱因斯坦的谜题+如何证明你不是僵尸+如何正确纪念你的猫

[英]杰里米·斯特朗姆 著
王岑卉 译

拆解20个论理难题,看"嫌恶因素"如何影响我们,把哲学悖论代入现代社会

13 谈情说爱的哲学家

[德]诺拉·克雷弗特 著
陈敬思 译

波伏娃、康德、苏格拉底等8位哲学家,探讨爱的世俗性与理想化

14 和孩子一起做情绪的主人

[法]维吉尼·利穆赞
[法]伊莎贝尔·菲约扎 著
[法]艾瑞克·维耶 绘
邢项健 译

法国心理学家专业指导,帮助家长积极引导孩子正确认识和化解情绪!

07 宇宙时空穿越指南

[日]松原隆彦 著
曹倩 译

宇宙学家写给所有人的"时空穿越"原理说明书。零基础、文科生,完全适用

08 练习和植物说话的女人

[西]马尔塔·奥里奥尔 著
冯珣译

每个人都有独一无二的痛苦,以独一无二的方式在其中求生。荣获加泰罗尼亚语年度最佳小说奖

15 寻找灯塔

[英]汤姆·南科拉斯 著
陈鑫媛 译

建筑保护主义者的深情书写,独特角度折射英伦历史,一部海上灯塔史的探索之书

16 可爱的骨头

[美]艾丽斯·西伯德 著
施清真 译

"生命中不可缺少的100本书",《指环王》导演执导同名电影

2022
-01-

未讀之書
-
未經之旅

CATALOGUE

UNREAD

01 门罗脑洞科普系列
What if/ How to/ 万物解释者

[美] 兰道尔·门罗 著
孙璐 等 译

比尔·盖茨推荐他的每一本书。美国国宝级科普作家带你学知识、开脑洞

03 中科院物理所趣味科普三部曲
1分钟物理1+2/物理君大冒险

中科院物理所 编

"中科院物理所"趣味科普代表作三剑合璧。爱上物理就看又皮又萌的"物理君"

05 欢乐数学

[美] 本·奥尔林 著
唐燕池 译

一本充满"烂插画"的快乐数学启蒙书，小学到大学都能读的数学书

07 日本原创力

[美] 马修·阿尔特 著
张佩 译

一部关于匠人、艺术家、天才和怪人的商业史，"日本制造"如何打造席卷世界的消费浪潮？

02 世界奇幻动物大图鉴
博物学家的神秘动物图鉴/超自然变形动物图鉴

[法] 让-巴普蒂斯特·德·帕纳菲厄 著
樊艳梅 译

还原神秘动物不为人知的秘密；一睹《神奇动物在哪里》《魔兽》等诸多角色原型

04 科学的转折系列
薛定谔的猫/巴甫洛夫的狗/斐波那契的兔子

[英] 亚当·哈特-戴维斯 著
张雨珊 阳曦 杨惠 译

《薛定谔的猫》荣获第十三届"文津图书奖"科普类推荐图书

06 一想到还有95%的问题留给人类，我就放心了

[巴拿马] 豪尔赫·陈
[美] 丹尼尔·怀特森 著
苟利军 张晓佳 郝小楠 尔欣中 译

与 What if 异曲同工的极客式幽默，点击超6000万、火爆全美高校的PHD Comics科普漫画首度集结

08 所有工具都是锤子

[美] 亚当·萨维奇 著
王岑卉 译

一个超级创客的自我修养，《流言终结者》制作人、主持人创意工作手册

09 存在主义咖啡馆

[英] 莎拉·贝克韦尔 著
沈敏一 译

多家媒体年度好书，以史为经、以人为纬，织就20世纪最华丽的思想壁毯

11 梵高手稿

[荷] 文森特·梵高 著
[美] H.安娜·苏 编
57°N艺术小组 译

大都会艺术博物馆专家精选梵高书信、画作，只谈绘画，只谈艺术，豆瓣9.4高分

13 DK传记：伟大的作家

[英] DK出版社 著
李星辰 张迦 译

100余位世界文学巨匠全收录，从但丁、莎士比亚到莫言，囊括作家海量肖像、手稿、信件

15 银河界区三部曲
深渊上的火/天渊/天空的孩子

[美] 弗诺·文奇 著
李克勤 李永学 译

刘慈欣数次公开推荐的科幻必读经典。讲述一场攸关全宇宙的无限战争

10 和狗狗的十二次哲学漫步

[英] 安东尼·麦高恩 著
王喆 译

12次遛狗，12个哲思时刻，轻松入门西方哲学。来一场好玩的哲学脱口秀

12 天生有罪

[南非] 特雷弗·诺亚 著
董帅 译

人见人笑花见花笑的崔娃爆笑回忆录，但看完你会被他的妈妈圈粉

14 DK人类的旅程

[英] DK出版社 著
丁将 译

精美翔实的 5000 年人类旅行史，让每一个热爱旅行的人发现旅行的意义

16 佐野洋子作品集
可不可以不努力/不过没关系/孩子的季节/静子

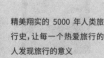

[日] 佐野洋子 著
马文赫 吕灵芝 清泉浅井 鲁莎 译

《活了100万次的猫》作者，三部早期随笔集+一部晚年代表作

17 醒来的女性

[美] 玛丽莲·弗伦奇 著
余莉 译

一部小说版的《第二性》，一部女性的心灵史，翻译为22种语言

19 健康革命
睡眠革命/呼吸革命

[美] 詹姆斯·内斯特
[美] 尼克·利特尔黑尔斯 著
田园/王敏 译

打破8小时定式，缔造高效睡眠神话。为数十万读者解决呼吸、睡眠难题！

18 柴犬绅士

[美] 大卫·冯
[美] 叶娜·金 著
糸色空 译

红爆纽约时尚圈的犬模"菩提"亲身示范64款经典时尚都市型男穿搭造型

20 梅隆·迪亚茨的身体之书
你的身体是一切美好的开始/无惧衰老

[美] 卡梅隆·迪亚茨
[美] 桑德拉·巴克 著
王敏 译

卡梅隆迪亚茨写给所有女性的身体认知书，改变万千女性的生活方式！

关注「未读」官方新媒体账号，网罗「未读」最新动态，尽情阅览有趣、实用、涨知识的「未读」内容：

抖音：未读之书
ID: UnReadsky

小红书：未读
ID: 832870818

微信订阅号：未读
ID: unreadsky

微信服务号：未读Club
ID: iunitedsky

如有疑问或需要，可直接添加「未读」小秘书为微信好友，享受一对一贴心服务：

「未读」秘书滚滚
加入书友群

「未读」秘书胡安
加入Plus会员

1. 按照无酵饼面粉包装盒上的步骤制作无酵饼丸子。首先把鸡蛋打入中等大小的碗里，然后在蛋液里加入油或鸡油、无酵饼面粉及1/4杯高汤。搅拌均匀后轻轻盖上盖，然后放进冰箱里冷藏20分钟。舀出一勺冰激凌小球般大小的面糊，用稍微沾水的双手将面糊揉成直径大约1英寸的小球，注意揉搓时要轻柔，以免丸子变硬。做好后放在一边备用，趁这个时间加热添加了高汤的水。

2. 将剩下的约1夸脱高汤与水一起倒入大锅，大火加热。加入犹太盐，煮沸后调小火，轻轻放入丸子，盖上锅盖小火炖煮30~40分钟，或者把丸子煮到你喜欢的软硬程度即可，因为有些人喜欢又松又软的丸子，而有些人则喜欢有嚼劲、中心不太软糯的丸子。

3. 把高汤倒入大锅，用中高火加热。加入欧芹梗、百里香、海盐、茴香籽和红辣椒片。调小火，以微弱的文火炖煮。注意让高汤没过鸡腿，盖上盖子，留一条小缝。炖煮30分钟后加入鸡胸肉，再煮10~15分钟，或者煮到鸡肉熟透即可（可以用叉子戳戳看）。

4. 滤掉汤里的欧芹梗和百里香。把鸡肉放到一旁冷却，调中高火重新加热过滤后的肉汤。往锅中加入洋葱、芹菜、胡萝卜和茴香。煮沸后，调小火慢炖。

5. 趁熬汤的时候给鸡肉去骨，并将肉撕成丝。将鸡肉丝和欧芹叶加入汤中，然后尝尝味道。如果喜欢的话，可以用海盐和黑胡椒调一下汤的味道。每个碗里盛3~4颗丸子，浇上一大勺汤，再放些鸡肉丝——确保每个碗里都有鸡肉丝。

烤鸡高汤（5夸脱）

- 1副鸡架（鸡胸和鸡腿用来做汤或其他用途）加1磅鸡脖子和鸡背骨
- 2根韭葱，只要白色和浅绿色的部分，对半纵切，清洗干净
- 1大颗黄洋葱，分成4份
- 4根胡萝卜，不用切
- 4根西芹梗，不用切
- 10根新鲜的百里香
- 10根新鲜的意大利欧芹
- 2片干月桂叶
- 10颗黑胡椒粒
- 2加仑凉水
- 少许干白葡萄酒
- 1棵球茎茴香的头部和叶片，不用切

1. 烤箱预热至232℃。

2. 将鸡架、鸡脖、鸡背骨放在一个大烤盘上，烤至棕褐色，大概需要45分钟。加入韭葱、洋葱、胡萝卜、芹菜、茴香、百里香、欧芹和月桂叶，并摇晃烤盘，食材沾上鸡油后，再烤20分钟。

3. 将所有食材和黑胡椒粒一起放入大锅，加水没过食材，用大火加热。与此同时，用小火加热烤盘，加入白葡萄酒，并把烤盘上留下的所有棕褐色宝贝都刮下来。然后将这份"液体黄金"倒入锅中，确保每一块棕褐色的东西都被刮下来了（如果想要更多液体来收汁，可以加一些水）。

4. 当高汤表面开始冒泡时，把火调成中小火，保持文火慢炖。不要盖盖子，继续熬煮3~4个小时。头一个小时里，每隔10~15分钟就要用勺子或细筛网撇去表面的浮沫；而在接下来几个小时里，只要等浮沫出现以后再撇去即可（这么做可以避免高汤变浑浊）。可以适时加些热水，保证汤汁没过鸡骨和蔬菜。好好享受屋子里鸡汤的香气吧。

5. 用细筛网将高汤过滤到另一个大汤锅或耐热容器中。丢掉所有固

体部分。将高汤放回炉子上继续炖煮30分钟，使味道更加浓郁。煮好后，将汤锅整个放入一个装有冰水的大型冷藏箱或装满冰水的水槽中，让高汤迅速降温至4 ℃以下。盖上盖子后，放进冰箱冷藏一夜。第二天刮掉表面凝结的油脂。高汤储存在密封容器里冷藏可以保存一周，冷冻则可以保存6个月。下次使用之前，先煮沸2分钟即可。

第三章

酸味

想象一下，夏日炎炎，气温高达37 ℃，空气又黏又湿，而你一直在户外工作。一个小孩卖给你一杯售价4.5美元（因为通货膨胀）的柠檬水。你将这杯柠檬水一饮而尽之后，感觉如何？大多数人会说神清气爽。当你吃到或喝到让你清爽的东西时，我敢肯定，一定有酸在起作用。实际上，如果你吃到的东西是酸溜溜的、味道强烈的、刺激的、爽口的、解渴的、轻盈的、让人快乐的、令人垂涎欲滴的、清淡或酸涩的，我敢打赌，这些东西里都有酸。酸使食物充满活力，然后猛地一击将你从令人困倦的菜肴中唤醒。酸就像是泼在脸上的冷水，照进眼睛里的午后阳光。没有酸味，食物尝起来可能会沉闷、没有生气、乏味、无趣，还容易发腻。这就是我开在8月中旬的牛肉汤小摊一直经营不起来的主要原因。

我们花了很多时间谈论盐，因为要做出美味的食物，盐确实非常重要，而在重要性方面仅次于盐的是酸，也就是来自醋、酒和柑橘类果实里的酸味。在我工作过的餐厅厨房里，主厨最常对副厨们大吼的两样东西就是盐和酸。如果你曾偷听过我在华盛顿州伍丁维尔的香草农场餐厅做一线厨师时说的话，你大概会听到"加盐""加柠檬汁""太咸了""提升酸度"或者"多加点醋"，除此之外，还有一些话，凭良心说，是我无法写进这本书里的。我几乎很少说"我感觉这道菜需要加点藏红花粉"或者"味道不错，但我肯定菜里少了点红椒粉"这样的话。一旦你解决了盐的问题，就直接学着搞定一道菜中酸的用量吧。酸味如果调配得当，就可以让菜肴和饮品都大放异彩。

关于酸的基础知识

简而言之，当你吃到酸的东西时，氢离子会刺激味觉细胞释放神经递质，提醒大脑摄入了酸的东西。一点点酸味就能引起很强的刺激。我们的味蕾对酸的食物（以及苦的食物）非常敏感。少量的酸会让人感觉清新爽口，但太多的酸就会让人想到没熟透的水果，或是另一个极端，比如变质的食物（想想过期的牛奶）。

> 趣味科普　根据我自己对孩子们的不科学的观察，我发现他们似乎真的很喜欢酸的东西，从他们爱吃的超级酸的糖果就可见一斑，如 Warheads、Zotz、Zours、Sour Patch Kids、AirHeads Xtremes 等。2003 年的一项研究发现，美国和英国的儿童确实比成人更喜欢吃酸的食物[10]。

酸度也会刺激唾液分泌。没有唾液，你就几乎尝不到味道了。想象一下（如果你很较真儿的话，可以试试看），用吸水毛巾擦干舌头，然后在舌头上放一小块比萨。如果没有唾液将这些化合物传送到味蕾，你几乎尝不到任何味道。

并不是每一道菜都需要酸味，但酸味绝对应该出现在每一餐中，无论是通过配菜（比如腌菜）还是饮料。想象一道经典的美式中西部炖牛肉，里面有大块的牛肉、土豆、芹菜和胡萝卜，而且很可能是用牛肉汤炖的。有时这道菜里会加番茄，这就是一种酸味来源。但大多数时候都不会加番茄。如果炖牛肉里少了番茄的这一点酸味，你会想喝什么饮料来搭配这道菜呢？如果你的回答是啤酒或葡萄酒，那是你聪明的味觉在替你说话。如果你不喝酒，可以搭配微酸的苏打水，它也可以使这道味道厚重而浓郁的菜变得清爽一些。

解密酸的问题

食物里的酸不够时，你大概会发现下列问题。

● 葡萄酒专家所说的"肥厚"（flabbiness）的口感，一种甜
　腻、糖浆般的感觉。

● 嘴唇油腻（想象一下太油的沙拉酱汁）。

● 乏味或没有生机的感觉。

● 口腔里的唾液太少。

用酸味平衡一道菜

　　一道菜越咸，就越需要一些酸来提味。菌菇类、肉类和豆类
都适合加一点点酸。菌菇类可以加一点白葡萄酒，一点雪莉酒醋
可以为豆类菜肴收尾，番茄可以为肥牛肉解腻。甜腻的菜肴也会
因酸味的增加而获益颇多，比如在打发的鲜奶油里加入酸奶油或
马斯卡彭奶酪，搭配香甜浓郁的巧克力蛋糕；在覆盆子泥或桃子
泥中挤一点柠檬汁。酸味会影响一道菜的口感，把肥腻或者油乎
乎的食物变得平衡（想想汉堡里酸酸的番茄酱或烤火鸡三明治里
酸酸的蔓越莓酱）。酸味最神奇的威力之一就是它能降低我们对咸
味的感知。如果你的"一小撮"盐撒多了，那就试着加点酸，之
后再尝一尝。

神秘果和变味作用

　　神秘果（学名：*Synsepalum dulcificum*），又叫变味果，一种
原产于西非的植物。神秘果的果肉中含有一种被称为"神秘

果蛋白"（miraculin）的蛋白质，这种蛋白质听起来像是哈利·波特的咒语，但它能把你对酸东西的感知转变为甜的（被称为变味作用）。因为神秘果蛋白能阻断味觉感受器，所以尝苦味食物时也会觉得很甜。甚至喝纯柠檬汁时，都会惊讶地觉得自己在吃甜甜的柠檬派。塔巴斯科辣椒酱变成了辣味的甜甜圈糖浆，山羊奶酪则变成了奶酪蛋糕。2008年，《纽约时报》刊登了一篇关于当时盛行一时的变味派对的报道。文章中写道，参加派对的人进门后会先吃神秘果，接着吃一堆他们原本并不喜欢吃的食物。如果你想试试神秘果的威力，那可要谨慎一些。虽然食物吃到嘴里感觉是甜的，但你的身体还是会对大量的柠檬汁和辣椒酱产生排斥反应。所以，记得手边先准备点胃药。

酸与盐不同，不同类别的原味盐基本上都是用同样的方法为食物调味的（只需要注意一些小区别即可），但如果你用醋或柑橘类果实等食材烹饪，那么除了提升酸味之外，你还会给菜肴带来其他味道。这对从事加工食品行业的人来说无疑是件坏事，因为他们希望能够在不影响食物味道的前提下控制酸度、脂肪和鲜味（详见第107页关于味精的讨论）。用天然食材烹饪，意味着你通常会在基本味道的基础上收获额外的味道。我认为这对厨师来说是一件好事，这些额外的味道会给厨房带来无尽的变化。例如，雪莉酒醋不仅能改变菜肴的酸碱值，还能带来深邃的森林气息及坚果味，与坚果和豆类是绝配。又如，清淡爽口的米醋和冰凉的青黄瓜搭配也非常美味。

我的朋友金·布劳尔（Kim Brauer）是《在烹饪学校收获成功的干货指南》（ *The No-Bullshit Guide to Succeeding in Culinary School* ）一书的作

者，她爱柠檬成痴。我们一起下厨时，我总得盯着点她，因为她总是故意朝我扔柠檬，有时真的会砸过来。我很感谢她教会我有时要加倍使用酸，如将柠檬汁和少许醋混合使用，这样食物里既会有柑橘类果实充满阳光味道的酸甜味，又有醋里的土味、苹果味或葡萄酒味，味道会更加丰富。例如，如果你在烤甜菜根（这种蔬菜臭名远扬，土味很重，味道又甜，或许有人会说它的味道尝起来像泥巴一样）时加了柠檬汁、橄榄油和盐，味道无疑是不错的，但如果你在充满阳光味道的柠檬汁里加入少许雪莉酒醋，使其散发出一种森林般的泥土气息，那么你做出来的烤甜菜根的味道就会比仅用一种酸做出来的要更加丰富、美味。事实上，我曾试过只用雪莉酒醋烤甜菜根，效果一点也不理想，土味太重了，只能尝到雪莉酒醋的味道。当我把用不同方法烤制的甜菜根（有只加柠檬汁的、加了柠檬汁和雪莉酒醋的、只加雪莉酒醋的，还有只加了甜意大利黑醋的）分给主厨朋友们试吃时，公认的第一名总是柠檬汁和雪莉酒醋的搭配。顺便说一句，只加甜意大利黑醋的烤甜菜根太腻了。

酸味搭配不同菜肴的方式

● 准备吃下一口肥美的生鱼片或寿司前用来清洁味蕾的醋泡姜。

● 含有多道菜的套餐中间送上的轻盈爽口的雪葩（它有助于重新调整味觉，重振你的精神，让你继续享用接下来的菜肴）。

● 搭配五花肉一起食用的韩国泡菜。

● 搭配味道浓郁的菜肴一起食用的日式腌菜，比如腌黄瓜和腌萝卜。

- 搭配德国香肠等丰盛的荤菜一起食用的德国酸菜。
- 搭配炸鱼一起食用以解腻的柠檬。
- 搭配淀粉含量高的土豆一起食用的番茄酱（番茄酱与任何一种食物都可以搭配）。

有时一道菜的酸度已经够了，但你还想在不影响味觉和食物平衡的前提下，进一步提升清新感的话，一种做法是加一些柑橘皮碎（不过要记住一点，不小心混入的白色筋络可能会让菜肴带上点苦味），另一种做法是加一些柠檬草和青柠叶，这两者都可以给菜肴带来柑橘类果实的清新感，但又不至于太酸。

如何拯救一道过酸的菜肴

1. 加一些糖、蜂蜜或干果等食材来提升甜味。回想一下柠檬汁的例子。我们已经说过，在柠檬汁里加糖会降低人们对酸味的感知。

2. 加一点油脂"包裹住舌头"，以抵挡酸味的袭击（想想你是怎么平衡油醋汁的）。炖菜时，如果你不小心倒了半杯醋，而你又不想加太多糖来平衡味道，这个方法就派上用场了。

3. 通过添加更多的蛋白质、蔬菜或者其他没有酸味的食材来增加菜肴的分量或稀释菜肴的酸度。也可以加水和高汤。但要记住，稍后要再试一试味道，以免味道的钟摆又走向另一个极端。

4. 如果上述单个方法都不起作用的话，可以尝试随意组合这三种方法。

爸爸吸柠檬的故事

我爸爸喜欢直接用嘴吸柠檬吃，至少他过去经常这么干。全家人都知道他有这个怪癖。我试着去想象现在这个六英尺高（约1.8米）、蓄着20世纪70年代汤姆·塞莱克（Tom Selleck）那样的八字胡的男人小时候的模样，想象着小时候的爸爸绕着房子跑来跑去，嘴里还吸着一块柠檬的样子，但没有成功。我奶奶也觉得这种行为很奇怪，但她认为这样爸爸就不会去碰那些更可怕的东西了，比如纯柠檬酸之类的。如果你不怀疑我奶奶所说的话，那你就会相信，我爸爸小时候手上总抓着一只青蛙，口袋里装着石头和贝壳，嘴里还时常含着一块柠檬。从小到大，我从没注意到成年的爸爸用嘴含着柠檬。我想他一定已经戒掉了儿时的怪癖。直到有一天，他让我尝一口他最喜欢的葡萄酒，即灰皮诺。这种酒的味道就像柠檬汁一样清新爽口，而喝这种酒就仿佛成人版的吸柠檬，只不过加了酒精。

他对青蛙的喜爱并没有遗传到我身上，不过我继承了他对酸味的热爱。我极其喜欢乡村时光（Country Time）柠檬汁混合饮料。我会直接从罐里舀着吃，用我那卫生状况可疑的手指蘸着吃。不要为不知情的家长用这罐受污染的饮料粉冲泡夏日饮品而感到恶心，好好享受这种酸甜味带来的味觉冲击就好，就是这种味道诱惑着我每天都趁着家长不注意偷偷跑到漆黑、安全的食品贮藏柜那儿去。别为70年代那些"钥匙儿童"（latchkey kid，因为家长都是上班族，放学后独自在家的孩子）感到难过，因为我们一直忙着找乐子，根本无暇自怜。

如果家里的饮料粉吃完了，我就会沿着这条路走大约800米到我奶奶家。在那里，我看见奶奶在厨房里手拿一把便宜的锯齿削皮刀，正在料理台的内置砧板上切柠檬。这块约7毫米厚的木砧板由于使用多年，已经破旧变形了。奶奶小心翼翼地将柠檬切成圆片，然后将它们装进森林绿的雕花冰茶壶里。"你知道的，"她的老生常谈又要开始了，"你爸爸小时候喜欢吸柠檬。"

并非所有的酸都一样

有关烹饪的一些谬论令我怒不可遏，其中一个就是大家普遍认为油醋汁中油和酸的比例应该是3∶1。其实，酸的类别会影响这个比例，因为各种醋中的醋酸含量各不相同。例如，日本米醋可能低至4%，苹果醋一般在5%左右，葡萄酒醋可能高达7%。柠檬汁或青柠汁中的酸是柠檬酸，不是醋酸，而且pH值稍低。3∶1这个比例确实好记，但却把问题简单化了，没有考虑到酸的种类的多样性和差异，也没有考虑到可以用来制作油醋汁的酸其实有很多种。

不管你最后选择的是柠檬汁、白葡萄酒醋、两者兼有还是其他什么酸来制作油醋汁，你都需要依靠自己的感觉来确定最佳的油醋比例。如果酱汁尝起来很油腻，脂肪包裹了你的嘴唇，那就是油太多了。如果你被呛咳嗽了，酸的刺激让你皱眉，那就是酸放太多了。一份比例完美的油醋汁只会在嘴唇上留下一层薄油，而酸味也只是会让人感觉清新、有活力，并让人情不自禁地分泌一些唾液。

教学内容：探究酸味是如何减少沙拉的肥厚感并为其增加清爽感和活力的。

绿莎莎酱（Salsa verde）可以指一种以黏果酸浆（tomatillos）和香菜为基底的墨西哥绿莎莎酱，也可以指一种以香草、刺山柑、橄榄油和大蒜为材料制作的意大利酱汁。下面是后者的做法介绍。这种酱汁几乎是百搭的，但尤其适合搭配烤肉、鱼、茄子、豆类和土豆。其中一种绝妙的吃法是被用作搭配第95页的白豆和烤红菊苣沙拉的酱汁。和其他菜谱实验一样，我会请你依次放入材料，并多次品尝。如果你愿意试试的话，可以在每个阶段都单独留一小口，这样就可以方便之后回头对比菜肴的味道是如何慢慢形成和变化的。

意式绿莎莎酱（1杯）

- ●1杯大致切碎的意大利欧芹，不要压实（可以留下梗）
- ●1/2杯特级初榨橄榄油，多准备一些备用
- ●1条中等大小或2小条油渍鳀鱼
- ●1小瓣蒜，大致剁碎
- ●2茶匙葡萄干或桑特无籽葡萄干
- ●5颗完整的烤杏仁
- ●1/4茶匙红辣椒片
- ●1/4茶匙细海盐
- ●1茶匙刺山柑
- ●2~3茶匙雪莉酒醋

1. 将前八样食材（除了刺山柑和雪莉酒醋）放入食物搅拌机，搅成新鲜的绿泥。如果因为食材太干，致使搅拌机无法转动，可以加些橄榄油，一次加1汤匙，直到搅拌机可以顺利运转。

2. 尝一尝蔬菜泥，记住嘴巴里的感觉。想象你会怎么描述这道菜的活力，是有土味、口感厚重、中性且平衡，还是清新、轻盈、有活力？

　　贝蒂有话说：好消息是你大概好些天都不用涂润唇膏了，我敢说你的嘴唇现在一定油得要命。我们都爱脂肪，但好东西太多了也会适得其反。这一步的绿莎莎酱口感厚重、浓郁、缺少活力。虽然橄榄油含酸，但不足以中和油腻感。

3. 好了，是时候加些酸了。先从刺山柑加起，这是一种复合口味的食材，既有咸味也有酸味（甚至还有一些鲜味）。把它们加进搅拌机一起搅拌。之后，用橡皮刮刀把新鲜的绿色蔬菜泥刮进碗里，再尝一尝。

　　贝蒂有话说：加入刺山柑会增加盐的含量，我在第二章说过，这或许能盖住橄榄油中的苦味。刺山柑中的酸也能解腻，但由于它的用量不多，所以只能稍微减轻一点油腻感。你应该还能尝到蔬菜泥中脂肪的肥腻和厚重，只是程度稍微降了一点。

4. 现在拌入2汤匙雪莉酒醋，再尝一尝。写下你的想法，注意唇部的感觉。你会怎么描述现在的蔬菜泥？是有土味还是很清新？你是否觉得喉咙里有东西？嘴里分泌唾液了吗？

　　贝蒂有话说：虽然雪莉酒醋的土味比蒸馏白醋更重，却可以平衡脂肪的油腻，提升酱料的活力，创造出一种之前没有的平衡感。绿莎莎酱虽然是一种蘸酱，但也常被用作沙拉酱汁，而好的沙拉酱汁必须清新爽口，才有助于净化味蕾。这份蘸酱尝起来肥腻还是开胃？你应该会觉得它的味道清新、提神，而且层次丰富，也许单吃有一点点酸，但拌入沙拉里就不会了。如果你的嘴唇仍然感觉有些油腻，就多加一些醋，每次加1茶匙，直到味道在浓郁与清新之间达到恰好的平衡。

好味道的秘密

鲑鱼佐味噌油醋汁配芝麻香烤蔬菜（4人份）

  我把这份菜谱放在酸味这一章，是因为油醋汁包含了来自酸奶和德国酸菜的双重酸味，而它与味噌混合在一起之后，可以创造出一种令人惊喜的圆润与清新感，刚好抵消了鲑鱼的丰厚感。这道菜的一个加分项是加入了健康的益生菌。不妨先别告诉客人酱汁里有什么，让他们猜猜看。

烤蔬菜要用到的食材：

- 1个未去皮的大地瓜，切大块
- 1大棵新鲜球茎茴香，斜切成1/4英寸厚的小片
- 1根韭葱，只要白色和浅绿色的部分，切成1/4英寸长的圈状
- 1汤匙芝麻油
- 1汤匙调味米醋
- 2茶匙鱼露
- 1/2茶匙红辣椒片
- 1/4茶匙细海盐
- 1杯大致切碎的紫甘蓝

味噌油醋汁要用到的食材：

- 1/2杯德国酸菜（不要用紫甘蓝做的，要绿甘蓝做的）
- 1/2杯特级初榨橄榄油
- 1/4杯全脂希腊酸奶
- 1/4杯水
- 2汤匙白味噌
- 2茶匙酱油

鲑鱼部分要用到的食材：

- 1汤匙耐高温的油，如牛油果油；或1汤匙耐高温的脂肪，如酥油
- 1/2茶匙细海盐
- 1磅野生鲑鱼，带皮切成4块（每块4盎司重）
- 2茶匙辣椒油（见注），用于装饰（非必选项）

1. 烤蔬菜前先预热烤箱至204 ℃，在烤盘上铺一张烘焙纸。将蔬菜、芝麻油、米醋、鱼露、红辣椒片和盐放在一个大碗中均匀搅拌，然后取出铺在烤盘上烤20~25分钟，中途翻动蔬菜，直到软烂，有些地方出现焦褐色即可。

2. 烤蔬菜的同时制作油醋汁。将所有食材倒入搅拌机里搅拌均匀。多出的油醋汁可以装进密封容器后放入冰箱保存，最长可以保存2周时间。

3. 处理鲑鱼要用不粘锅（我喜欢用铸铁锅），大火热油。用盐给鲑鱼调味，带鱼皮的一面朝下入锅，轻压鱼块使鱼皮酥脆。几分钟后，检查鱼皮是否已经酥脆，然后翻面。将平底锅放入烤箱中层（52~54 ℃），烤至鱼肉中间的部分三分熟。也可以继续放在炉子上用中低火慢煎。

4. 将鲑鱼放在烤蔬菜上，每个餐盘边缘洒2~3汤匙油醋汁。最后再用几滴辣椒油做点缀。

注：在家自制辣椒油的方法如下：中火加热小炖锅，倒入1杯花生油和3~5汤匙红辣椒片（取决于你想要的辣度）。把油加热到温度计显示为149 ℃，关火，移锅。小心别吸进辣油的热气！待油温降至121 ℃时，加入1汤匙芝麻油。滤掉残渣，装进密封容器后放进冰箱，可以保存数月。

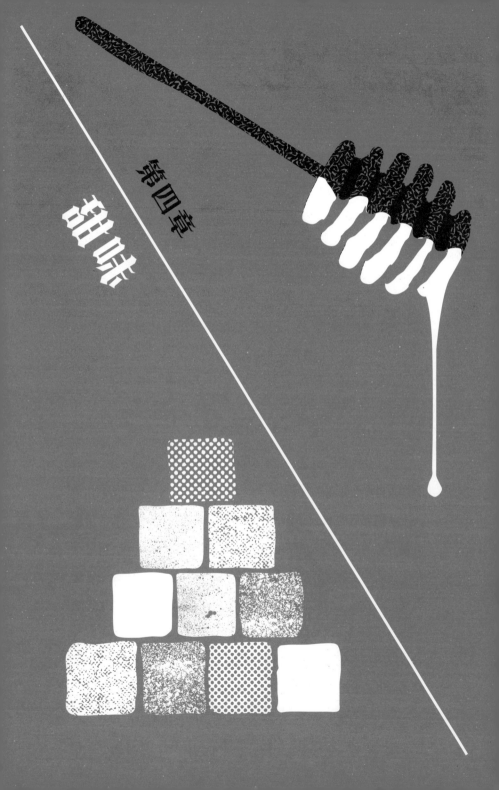

第四章

甜味

进化设计让我们天生就喜欢找糖吃。糖是自然界中热量的霓虹灯招牌。有糖的地方就有能量，而那些善于找糖吃的人则会茁壮成长，活得更久，并把他们的基因遗传给善于找糖吃的下一代。在当今世界，我们找糖吃的本领已经极为熟练。事实上，我们现在有了成堆的糖，已经不需要再靠狩猎和采集来找糖吃了。相较于对苦味和酸味物质的感知能力，我们对糖这种东西并不敏感。蔗糖溶液的浓度在5‰时，我们才能感知到糖的存在。相比之下，溶液中奎宁（在金鸡纳树皮中发现的苦味生物碱）的浓度在0.005‰时，我们就能够识别出来。适量的糖是人类维持生命的必备物质。吃到苦味时我们会停止吞咽，并问自己：如果把这东西吃下去，我们会不会被毒死（详见第六章）？

关于糖的基础知识

糖和盐一样，也是一种调味品，可以提升食物的味道，却不会加入自身额外的味道（就精炼白砂糖而言）。当你做的菜肴在舌头上从前到后的味道都是一致的，并且余味悠长，那么盐的用量就是合适的。如果这道菜中还出现了酸味，不仅使味道变得更有活力，还解了油腻，那么这道菜就是受欢迎的。但如果你还是觉得缺了点什么，那就是时候加入一小撮糖来提升整体味道了，就像你从没想过往甜品里加点盐一样（不过你真的应该这么做！）。在过咸的菜肴里加入的一撮或一滴甜味（或者用高温将天然糖焦糖化）也是平衡咸度的一样利器。你可以，而且应该利用起来。

甜味剂的种类繁多，从最基本的糖浆到复杂的、富含糖蜜的粗糖（jaggery），再到人工合成的甜味剂等（我在第59~60页列出了我最喜欢用的甜味剂）。可以这么说，无论使用哪种糖，都可以激活你的甜味感受器，并使菜肴向甜味倾斜。

受益于甜味的食物

- 任何有腥味或怪味的食物。想想表面淋有蜂蜜的蓝纹奶酪、橙汁鸭、咖喱羊肉配肉桂和焦糖洋葱。

- 酸的菜肴。在意大利面酱里放一小撮糖就是一个典型的例子，它用来平衡本身不够甜的酸番茄，或者单纯用来提升酱汁的味道。

- 苦的食物。红菊苣苦涩无比，加盐可以减少苦味。不过将其翻炒至呈焦糖色后，再淋上一点蜂蜜或酸甜味的意大利黑醋也是一个不错的选择。

- 咸的食物。我们之前说过，一点点盐就能增强人们对甜味的感知。但是如果某道菜真的非常咸，除了增加酸度之外，还可以加些甜味。想想在咸咸的意大利佛卡夏面包里加一些焦糖洋葱，听起来确实不错吧？再想想咸咸的火腿配上一点无花果酱和熟透了的甜瓜？味道简直绝了。再说一个肯定不止我一个人喜欢的吃法：用咸薯条蘸巧克力奶昔，快试试看味道如何。

> **趣味科普** 一罐12盎司的普通可乐中含有超过3汤匙的糖。我们都知道吃糖会上瘾，看来可口可乐公司还真是够聪明（邪恶？），知道在他们的饮料中添加大量的酸来平衡甜味，掩盖糖的实际含量。可乐喝起来很甜，但其程度还不至于甜到让成年人拒绝。而且冷饮喝起来甜味会降低，可乐之所以会加入这么多糖，是因为它本来就是在冰镇后饮用的。如果

你曾经喝过温可乐，你大概会注意到，温可乐会更甜（并且会感觉甜得几乎难以入口）。

换糖

你也许会觉得，换糖就和之前换盐一样，但不同种类的糖增加的不仅仅是甜味，只有白砂糖提供的是没有香味的纯粹的甜味（好吧，高果糖玉米糖浆也可以，只不过你大概不会用它来做菜）。其他的糖全都会因为自身的特质而影响菜肴的味道平衡。试想一下，用花香味浓郁的蜂蜜做的蛋糕会是什么味道？或者，把葡萄干当作甜味剂使用会给食物的质地和味道带来什么影响？插一句，你这辈子一定要尝一次山茱萸蜜。这种蜂蜜棒极了，既有伯爵茶香又有花香，不会太甜，带有一点点柑橘味，是非常干净的味道。

你可能会好奇人工甜味剂该怎么用，尽管我对继母在喝低因咖啡前用手指轻敲粉色包装的纤而乐代糖充满怀念，但我并不推荐你使用它们。虽然人工甜味剂对人体是否有害尚无定论[1]，但从与本书相关的角度来看，大多数人会觉得人工甜味剂的味道很奇怪，带有难以掩盖的苦味或金属味。显然，许多糖尿病患者都依赖人工甜味剂来满足他们对甜食的渴望，出于这个原因，我很庆幸糖尿病患者能找到替代品，但通常我会避免使用它们。

我的目标是在烹饪中尽量使用天然糖，少用精制糖，不过也不会严格到完全不用。我一般会将蔬菜烤至焦糖化，先用水果和自身带甜味的醋，如意大利黑醋，然后才会用白砂糖。如果一道菜不适合加水果或意大利黑醋，我会加些蜂蜜或枫糖浆。毕竟，对你的身体而言，糖就是糖，但蜂蜜具有芳香和抗氧化的特性，这是精制糖所没有的。在烘焙时，我喜欢用不同的糖来增加成品的深度。当你敢于尝试白砂糖之外的糖时，你就能在一个味道更加丰富的甜味世界里尽情享受了。

甜味剂简表

红糖（Brown sugar）： 许多人不知道，红糖其实就是添加了糖蜜的白砂糖，糖蜜使红糖的颜色变深，味道也变得稍微复杂一些。浅色红糖里的糖蜜含量比深色红糖要少。

椰糖（Coconut sugar）： 椰糖的精炼程度较白砂糖低，用椰子树花苞流出的汁液制成。味道和深色红糖类似。

德梅拉拉蔗糖（Demerara sugar）： 这是一种部分精炼的大颗粒蔗糖，因其天然的焦糖味和松脆的质地而经常被用作最后的装饰，为甜点提供口感和甜味，比如常被撒在酥皮水果馅饼或曲奇饼干的表面。

蜂蜜（Honey）： 蜂蜜的味道各异，取决于蜜蜂采集到了什么花粉，所以无法一概而论。蜂蜜的味道越浓，你就越难以用它来代替白砂糖。

枫糖浆（Maple syrup）： 这种糖由树汁制成，颜色和味道从金黄清淡到深色浓郁不等，是猪肉或冬季南瓜的完美甜味剂，在制作烤豆子时，它也很适合搭配深色红糖一起使用。

混糖（Muscovado）：一种部分精炼的蔗糖，有强烈的糖蜜味道。非常适合搭配咖啡或用于制作姜饼。

棕榈糖（Palm sugar）：这种糖以棕榈树花的汁液制成，常被用在东南亚菜中，有股淡淡的烤面包味和温和的枫糖味。

粗条糖（Piloncillo）：这种未经提炼的全蔗糖在墨西哥很常见，常被用在墨西哥巧克力辣沙司（mole）、汤和莎莎酱里。这种糖味道浓烈，有一种令人愉悦的烟熏糖蜜味。它和亚洲菜里常用的粗糖的味道非常相似，因此两者可以互相替代。

甜叶菊糖（Stevia）：甜叶菊是一种非常甜的草本植物，但精炼后会留下奇怪的余味。我个人不使用，也不推荐。

黑红糖（Sucanat）：这是一种精炼程度较低的砂糖，和其他类型的蔗糖相比，它的糖蜜含量更高。这种糖味道浓烈，有一种烤焦味。

粗糖（Turbinado）：一种粗加工的蔗糖，由第一道压榨的甘蔗汁制成，保留有天然的糖蜜。在烘焙时可以代替红糖使用，但其水分含量低于红糖，通常可以加一滴糖蜜或蜂蜜来补充水分。

糖是一种防腐剂（但对你的牙齿而言，就未必了），因为糖对水的爱相当贪婪，这意味着糖会吸干生物细胞壁中的水分，导致细胞脱水而死。这也就是高糖度的果酱可以冷藏、罐装和冷冻保存的原因（不过你还是得偶尔检查一下有没有发霉）。

加甜不加糖

　　以下是一些可以利用天然香料与食材自身特性的选择，以满足你对甜味的渴望，或者平衡菜肴的味道。

● 使用能让你想起甜食的香料，比如香草、无糖可可粉和肉桂。咖啡上撒些可可粉或肉桂粉，会让味蕾误以为它更甜。你闻着肉桂味，想着肉桂卷，然后再喝一口咖啡，便会觉得咖啡更甜了。

● 使用自身带有甜味的食材，如椰子汁、椰枣、普通酸奶或奶油等奶制品及葡萄干（我在第50页的意式绿莎莎酱菜谱中使用过）。

● 在菜肴里加点盐，可以提升人们对甜味的感知。关于这一点，你自己就可以测试，只需将一颗橙子切块，分装在两个碗里。在一个碗里加入非常少量的盐，搅拌均匀，然后比较两者的区别。加了盐的橙子尝起来应该不咸，而且明显比没加盐的更甜。

● 烤蔬菜会使蔬菜的甜味更加突出，或者在菜肴里加些焦糖洋葱。

美拉德反应与焦糖化反应

　　美拉德反应指的是氨基酸（构成动物营养所需蛋白质的基本物质）和碳水化合物分子在高温作用下发生反应，产生数百种新的味道分子的过程。烤肉、面包脆皮、烘焙咖啡（是的，咖啡里也有一些蛋白质！）、黑啤和许多其他美味食物的味道都源于美拉德反应。鞑靼牛排和烤肋眼牛排的味道有何不同？答案就在于美拉德反应！白面包片和烤吐司的味道又有何不同？答案同样在于美拉德反应！

　　焦糖化反应的过程与之不同，相比之下更简单，发生在糖变成褐色之时。例如，蔬菜里的天然糖分在烤制过程中会发生不可思议的变化，特别是花椰菜、抱子甘蓝和芜菁这类微苦的蔬菜，烘烤会使它们变得更甜，坚果味和焦香味更浓，味道也更复杂。下面是"食品科学之王"哈罗德·麦吉（Harold McGee）关于这一问题的看法："这就是烹饪最神奇的魔力所在——高温可以从一个无色无味、简单的甜味分子中创造出数百种不同的分子，其中有的散发芳香，有的带来美味，有的产生色泽。"

想想白砂糖的味道。那是一种单调的、直接的甜味，没有其他味道来搭乘这列甜味火车。现在，把同样的糖放进平底锅，开火，加一点水，然后晃动平底锅使糖溶化。观察糖从白色到透明，再到棕褐色、琥珀色，最后到浓郁的深褐色。待其冷却后，闻一闻，尝一尝。同样的原料产生了完全不同的效果。单调的甜味已经绽放并深化为一种略带苦味、焦香味和烟熏味的复杂味道。这怎么可能是同一种原料呢？这就是焦糖化反应的力量。

为什么最后才上甜点？

关于为什么许多文化都以甜点来结束一顿饭有许多说法，让我们先从17世纪的欧洲说起。受到极度热情好客的文化的影响，如果宾客在离开派对时对食物感到不满意，或者觉得没吃饱，主人会感觉颜面尽失，但在提供了如马拉松一样漫长的招待服务之后，疲惫的员工们都想尽早离开了。这时送上预先准备好的甜食就像为这一餐的结束定下了基调：既是锦上添花，又确保没有人会留下缺憾。英语中的"dessert"（甜点）一词就来自古法语"desservir"，意思是"清洁桌子"。

科学界对此有不同的看法：挪威学者发现，摄入的糖分会向已经塞满食物的胃发送信号，告诉胃要放松，并腾出空间再容纳一点食物[12]。如果你家里有小孩，千万不要让他们知道下面这句话：科学为每一个吃不完饭却还要说自己吃得下甜品的小孩提供了依据。咬一小口蛋糕就足以让我们打开胃口，吃下一整块蛋糕。

糖增添的不止甜味

我知道我一直试着在烘焙时减少糖的用量，想象自己可以把布朗尼蛋糕做成近乎健康的食物。但是你在烘焙时一定要避免随意更改糖用量的做法，因为这会产生意想不到的后果。所需的食材不能简单地因为一时兴起就被省略或改变，这就是为何糕点师总是循规蹈矩，而烹饪咸味食物的厨师则完全是叛逆分子。简单来说，当你偏离一份经过校验的菜谱太远的时候，就很有可能会面临烘焙灾难。糖除了能够增加烘焙食品的甜度外，还有以下作用。

1. 用作稳定剂。制作蛋白酥时，当你把空气搅入蛋白中时，蛋白中的蛋白质会形成一个薄薄的基质，支撑着气泡。糖使这些气泡保持稳定，这样你就不会把蛋白打得太过了。同时，糖还充当蛋白酥的建筑工程师，防止结构崩塌。糖溶解在气泡壁的水中，形成一层保护糖浆，从而起到支撑作用。

2. 糖可以构成口感。例如，形成松脆的粗糖或德梅拉拉蔗糖（更多信息详见第十章）。在烤箱中烘烤时，表层的水分蒸发后，糖会重新结晶，产生松脆的口感，比如玛芬顶部酥脆的外皮和布朗尼蛋糕上被我撕下来吃掉的脆皮（嘿！这部分最好吃了）。

3. 糖可以让甜点保持湿润和柔软。糖是亲水的，这是形容糖真的很喜欢水的一种花哨说法。如果糖的含量不足，甜点里的水分就会集体说"再见"。糖和水是一体的。正是基于糖与水之间的这种恩爱关系，如果面糊中的糖少了，蛋白质和复合淀粉就会贪婪地争夺水分。麸质需要水才能成型。如果你想要一个质地像贝果一样的甜甜圈，那就减少菜谱中糖的用量。

4. 糖可以用作发酵剂。糖会进入脂肪、蛋和其他液体的混合物中，产生数千个微小的气泡。这些气泡会膨胀，并使烘焙食品鼓起。如果没有这些气泡，那就准备好和悲惨、扁平、淘气的饼干打声招呼吧。可怜的又惨又扁又淘气的饼干！

5. 糖有助于褐变并通过焦糖化反应加深食物的味道。回想一下，袋装棉花糖和烤棉花糖的味道有什么不同？

如果把白砂糖之类的固态糖换成枫糖浆或蜂蜜这样的液态糖呢？情况可能会变得棘手。换成枫糖浆或蜂蜜不仅仅会大大改变菜肴的味道，而且这两种糖都比白砂糖甜，所以用量要更少。一杯白砂糖相当于1/2到3/4杯蜂蜜或枫糖浆。另外还要牢记一点，你加入的液态糖是原先的菜谱中没有的，所以必须按照加入的替代甜味剂的比例减少菜谱中其他液体的含量（粗略估计，大概是替代甜味剂用量的25%）。蜂蜜和枫糖浆都呈弱酸性，所以还需要加入一些（或更多的）小苏打来中和。此外，蜂蜜和枫糖浆的焦糖化速度都比白砂糖快，因此需要相应地降低烤箱温度。是不是开始明白为什么我说除非你是糕点专家，否则还是不要费心调整烘焙菜谱了？

警告：如果你热衷于烘焙，想要玩转菜谱，那么你应该深入了解烘焙的化学原理。我在第230页的参考书目中提供了一份很好的书单供你参考。如果这些关于烘焙的讨论，以及烘焙过程中务必精准计量的配料和不要随意改动菜谱的告诫让你紧张不安，那么欢迎加入我们叛逆的咸味食物主厨团队。我们为自己随意发挥的本事感到自豪。

如何拯救一道过甜的菜肴

1. 加量或稀释。加入更多的食材使糖分散开，比如水、肉、蔬菜。

2. 加入酸来中和甜味。在地瓜汤或罗宋汤里加一点酸奶油或酸奶（它们都是酸的）。如果你不希望在菜肴里加味道明显的酸，可以用蒸馏白醋或柠檬酸（很多商店都可以买到散装的）。

3. 加辣，如辣椒和其他"辛辣"食材（详见第九章）。甜味和辣味可以相互平衡。

4. 加入脂肪包裹味蕾，抑制对甜味的感知。

5. 避免加入更多的盐，因为盐会提升人们对甜味的感知。

我叫贝蒂，我嗜糖成瘾

糖把你困在它那甜蜜的、令人上瘾的怀抱中了吗？你并不孤单。我和同事兼好友坦梅特·塞西博士（Dr. Tanmeet Sethi）一起上一门名叫"以食为药"（Food as Medicine）的课程。她是由西雅图的"瑞典家庭医学住院医师"（Swedish Family Medicine Residency）项目认证的一名家庭医生。我们是通过一个共同的朋友认识的，结果我们很快就发现，我想当医生，她想当主厨。塞西博士是住院医师项目的综合医学训练的创立者兼主任，她通过这项训练教导医生将营养和身心医学等内容作为基础照护实践的一部分。

除此之外，她还帮助我战胜了对糖的依赖。下面是基本的做法：我，完全说停就停地禁糖10天。她的计划不像其他计划那么严格，其间，你可以吃水果、喝酒，因为她希望你成功戒糖，也认为人类不是**机器人**。令人惊奇的是，当你熬过喝10天无糖咖啡，没有糕点、加工食品、苏打水、果汁、糖果的日子后，你再吃一块曲奇饼干，会突然觉得饼干甜到令人反胃。你的新味蕾对糖十分敏感，因为你没有让舌头每天都浸泡在甜食中。这是一个关键时刻，你可以重新思考如何处理你与糖之间的失调关系。

禁糖期结束之后，我吃了块巧克力饼干来庆祝（用来测试我的味蕾），然后奇迹般地发生了一件我和巧克力饼干之间从未发生过的事情：我细嚼慢咽地吃了一半，然后小心翼翼地把另一半包了起来，打算留着一会儿再吃（我到现在还是不敢相信自己竟这样做了）。一个诀窍就是不要一结束禁糖就立刻扑到糕点堆里，破坏新生的纯真味蕾。如果你太软弱了，屈服于生活中每个转角处冒出来的甜蜜诱惑，结果会怎样？等我吃完这袋小熊软糖，就告诉你结果。

葡萄酒的搭配与甜味

我联系了我的朋友、侍酒大师埃米莉·瓦恩斯（Emily Wines，是的，我知道，她天生就是干这行的），想让她教教我，什么时候该提供甜的葡萄酒，什么时候该提供半干型（微甜的）葡萄酒。搭配非常辛辣的食物时，糖会起到分散味觉注意力的作用，因此在吃过于火辣的盛宴之后，更甜的葡萄酒会是可口的舒缓剂。"这种痛并快乐的感受，"瓦恩斯说，"就是为什么市面上有这么多甜辣并存的菜肴的原因。"所以，如果你吃的是辣度五颗星的泰式咖喱，微甜、低酒精的雷司令将是很好的佐餐酒，酒中的甜味和芳香会分散味觉的注意力，抚慰你火辣的味蕾（酒精度高的葡萄酒会加剧辣度的原因详见第200~201页）。侍酒大师克里斯·唐赫（Chris Tanghe）补充道："你总是希望葡萄酒能比你吃的东西更甜，或者至少一样甜。"如果用干型葡萄酒搭配甜品，甜品的甜味会减弱葡萄酒的果香，葡萄酒就会显得单调、涩口、寡淡，或者单薄。

实验时间

教学内容：演示盐和香料如何在不增加任何甜味的情况下使苦咖啡变得更甜。

所需材料：3个马克杯，12盎司深焙黑咖啡，1/4茶匙无糖可可粉，1/4茶匙肉桂粉，香草精，细海盐以及1个不知情的同伴。

方法：在确保同伴看不见的情况下，将咖啡平均倒入3个马克杯中。第一杯里什么也不要加，这由你掌控。在第二杯中加入1/4茶匙无糖可可粉、1/4茶匙肉桂粉及1~2滴香草精，然后搅拌均匀。

在第三杯中加入一小撮盐，搅拌均匀。让同伴依次试喝，然后按照甜度从低到高给它们排序，同时让同伴猜猜哪杯加了糖。

贝蒂有话说：如果你的同伴尝不出第一杯与第三杯的差别，那么就在第三杯中多加一些盐，然后再请对方试一次。这是为了降低咖啡的苦味，但又不至于过咸（确保同伴没有看到你往咖啡里加东西）。

蜂蜜大黄百里香果酱（约1杯）

大黄是一种酸味蔬菜，严格来说，它根本不是水果，但在早春时节，我们这些生活在北方气候区的人对水果极度渴望，于是便给大黄贴上了水果的标签，并在上面倒上一铲糖，使其变得美味可口。我喜欢大黄，但老实说，如果没有糖，没有人会靠近这种东西，因为就连它的叶子都有毒。然而，如果平衡得当，大黄果酱或大黄派里的酸味和甜味就不会竞相争霸，而是相辅相成，带来感官冲击。这款果酱有很多种食用方式：拌到酸奶里，上面撒些开心果，搭配一些当地的新鲜奶酪，或者搭配一些冷鸭胸肉。它也很适合搭配芥末酱烤猪里脊。

- 3杯大黄，切成大小中等的果丁（大约需要3根大黄梗）
- 1/3杯白葡萄酒醋或香槟醋
- 1/4杯深色红糖
- 2汤匙蜂蜜
- 转动10下撒出的黑胡椒
- 1汤匙现磨姜泥
- 1汤匙现剁百里香
- 1根肉桂
- 1茶匙柠檬皮
- 1/2茶匙细海盐

1. 将所有食材放进炖锅，煮至沸腾，调小火慢熬，不时搅拌，约煮30分钟，或者煮到果酱变稠。取出肉桂，待果酱完全冷却以后倒入有封口的罐中，放进冰箱冷藏，需要用时再拿出来。果酱可以冷藏保存2周，冷冻保存6个月，如果你想要做成罐头，那就可以保存更久了。

可可碎巧克力块饼干（约3打饼干）

这绝对是适合成年人吃的饼干（也是我最喜欢的饼干之一）；甜味与巧克力和可可碎的苦味得到了完美的平衡。撒上一点德梅拉拉蔗糖和马尔顿海盐，甜咸脆口是完美的收尾。在此，我要捧起我的主厨刀向美食作家洛娜·伊（Lorna Yee）致敬，感谢她给了我灵感。

- 1杯（2块）无盐黄油，放在室温环境中
- 1杯压实的深色红糖
- 1/2杯德梅拉拉蔗糖，多准备一些，最后撒在饼干表面
- 1/4杯白砂糖
- 2个鸡蛋
- 1汤匙香草精
- 1/2汤匙犹太盐
- 1茶匙现磨肉桂粉
- 1茶匙小苏打
- 12盘司70%的苦甜巧克力，大致切碎
- 1杯全麦糕点面粉
- 2杯中筋面粉
- 2汤匙可可碎
- 马尔顿海盐，最后撒在饼干表面

1. 预热烤箱至176 ℃。

2. 用直立搅拌器将黄油和三种糖一起打至蓬松，大约需要3分钟。然后加入鸡蛋、香草精、盐、肉桂和小苏打，低速搅拌30秒。保持低速搅拌，慢慢加入面粉，然后用手拌入巧克力碎和可可碎。

3. 一块饼干大约要用1汤匙冒尖的面糊。将面糊放在垫了烘焙纸的烤盘上，每团面糊之间留出约5厘米的距离（不要压平面糊）。如果你喜欢，可以在面糊上撒一些德梅拉拉蔗糖和马尔顿海盐。不多不少烤12分钟。刚烤出来的饼干可能会显得不够熟或者太软，但冷却之后就会定型。晾一分钟后将饼干从烤盘转移到冷却架上，等待饼干完全冷却（如果你能忍这么久的话）。

第五章

脂肪味

毫不夸张地讲，20世纪80年代是美国饮食史上惨淡无光的一段时期。我们不吃脂肪，不是因为脂肪贵，也不是因为我们穷，而是因为我们错误地以为摄入脂肪会使人发胖[13]。我们花了很长一段时间才最终放下低脂牛奶，接受这样一个科学事实：在日常饮食中去掉脂肪是过度简化了科学研究的成果，最糟糕的情况是致命的。大量的糖取代了脂肪，加工食品公司发了财，而美国人则发了福。芭芭拉·莫兰（Barbara Moran）在《哈佛公共卫生》（*Harvard Public Health*）杂志上发文称，这个极具误导性的年代掀起了"一场巨大的、欢快的、远离脂肪的饮食狂潮，同时是公共卫生领域的一场灾难"。

那时的我还是一个易受影响的青少年。我经历了一个以"无脂"和"半脂"宣传食物的混乱与神秘的时期。我不知道这段时间有多"欢快"，因为我们光顾着和糖较劲，已经无暇检查自己的情绪了。如果那十年里你是一个会在家下厨的成年人，我敢打赌，你一定从那时起就在忙着思考该怎么处理掉那些没人要的无脂和低脂菜谱了。真的，根本没有人需要它们。我很庆幸美国烹饪史上那段黑暗的时期已经结束了，因为现在有一件事是我们都认同的：**脂肪棒极了！**[世界上所有的斯内克韦尔（SnackWell's）魔鬼巧克力奶油派（一种零脂肪饼干）都该下十八层地狱。]我有点夸张了，不过确实有成百上千的文章与书是关于好脂肪和坏脂肪及低脂和无脂饮食的。如果你是从那个年代过来的，可能现在在听到媒体告诫你要小心脂肪摄入时，仍然会努力与这种观念抗争。

真相是这样的：我们天生就会寻找脂肪，因此与这种本能斗争是很愚蠢的。忘掉那些"众"所周知的道理吧。在美国人喝下浅蓝色的脱脂牛奶、吞下脱脂的希腊酸奶时，希腊人正沐浴在橄榄油与浓郁的全脂酸奶里呢，而且还比美国人长寿[14]。脂肪是味道的关键元素之一，这并不是说食物少了脂肪就不好吃了。如果你一开始就选用优质的当季食材，也加入了适量的盐来放大食材的精华，那么再加上一点酸味或甜味，一道不错的菜肴就做好了。但这时要是再加入一点脂肪，菜肴就向佳肴靠拢了。想象一颗相当不错的苹果，就以蜜脆苹果为例吧，你带皮（苹果皮里含少量的天然钠）咬下一口苹果，立刻就会感受到酸甜滋味的完美平衡。清新爽口，确实是颗相当好的苹果。还记得瑞兹（Reese's）的经典广告吗？广告中，吃巧克力的男士撞上了一位正在吃花生酱的女士，于是碰撞出了世界上最棒的糖果。我很好奇第一个用苹果蘸焦糖吃的人会不会觉得自己是个天才？不含脂肪的食物确实也可以很可口，甚至极为可口。但要说它是顶级佳肴呢？别想了，不可能的。

脂肪不仅让食物尝起来更美味，甚至连声音听起来都更诱人。为了验证脂肪对质地的影响，世界上还真的有一种被称为摩擦计（tribometer）的机器可以量化口感。有些还是用猪舌头制成的。还有一种新的检测手段叫摩擦声学（acoustic tribology），受试者将极小的麦克风放在门牙背后，当舌头摩擦上颚时，麦克风就会收集菌状乳头（舌头上的突起）的震动声。例如，喝黑咖啡时的声音听起来比喝加了奶油的咖啡更粗糙，而后者更加柔顺丝滑。我们寻找脂肪是因为它含有高密度的双重热量，而我们渴望脂肪则是因为它可口柔滑的质地。

关于脂肪的基础知识

最近的研究显示，脂肪味是最新提出的基本味觉[15]。正如指导这项研究的科学家所说，你可以称这种基本味觉为"oleogustus"（脂肪的味道），该词由拉丁语词根构成，"oleo"的意思是"脂肪的"，"gustus"指的是味道。有趣的是，脂肪酸本身的味道并不讨喜。参与研究的人员一开始说是苦的，其实只是因为这种味道令人不适罢了。不过最后研究人员还是确定了这是一种与苦味完全不同的味道。虽然脂肪酸单独尝起来不怎么样，但黄油和汉堡确实十分美味。

除了被用作高密度的热量来源（每克脂肪有9卡路里热量，而每克碳水化合物和蛋白质只有4卡路里热量）之外，脂肪对食物还有另外七种重要作用。

1. 脂肪通过溶解脂溶性分子来传递味道。所以，如果一道菜里没有脂肪，你就无法尝到完整的味道。

2. 脂肪可以带来好口感。脂肪特殊的质地可以让食物的味道停留得久一点。脂肪通过打造令人满意的美味来改变食物的质地。比如奶油酱，如果酱汁里的黄油加得不够多，等搅拌均匀后，你会发现酱汁变得又酸又稀，但当你加入足量的黄油时，酱汁就会变得柔滑、浓郁、平衡。

3. 脂肪在乳化（通常是两种及两种以上不相溶的液体相混合）过程中起着不可或缺的作用。没有脂肪，就没有蛋黄酱、荷兰酱、白黄油酱和冰激凌了。那将是一个多么令人悲伤的世界啊！

4. 脂肪能有效地传递热量。没有脂肪的烤蔬菜会烤得不均匀，而

且吃起来也不如加了鸭油或橄榄油的烤蔬菜美味。啧，馋人的鸭
油啊。

5. 脂肪可以防止食物粘锅。有没有在煎锅里倒入一圈油，决定了你
将会煎出一块漂亮的鱼排还是一堆粘在锅底、需要厨师动用各种
铲子和夹子才能撬动的碎鱼块。你大概会说："可是我有一整套
不粘锅呀。"一般来说，我不推荐不粘锅，因为这种锅不耐高温，
煎炸食物也不好用（而且我也完全不了解不粘锅的背后究竟是什
么黑魔法，对此我有点害怕）。我只有一口不粘锅，用来煎蛋卷
和可丽饼，而且我使用时非常小心，不敢刮花涂层。我最喜欢的
是养护良好的铸铁锅，原因多到数不清。

6. 脂肪能掩盖许多过度烹饪的问题。人们害怕做鱼类菜肴的原因是
这种菜的容错率太低了。而稍微煎过头的肥牛排、没煎透或煎过
头的培根尝起来都还相当美味。当烹饪温度和时间失控时，脂肪
可以救厨师于水火之中。

7. 烘焙时，脂肪可以增加面团里的空气（通过与糖混合或搅拌），
并通过阻止麸质的形成（想象一块轻盈而柔软的做馅饼用的面
团）使面团变得松脆。

脂肪的种类

食用油由饱和脂肪酸、多不饱和脂肪酸及单不饱和脂肪酸组合而
成。例如，特级初榨橄榄油主要含有单不饱和脂肪酸，但其中也
有13%的饱和脂肪酸。

饱和脂肪酸在室温下为固态，较为耐酸败。椰子油里约有90%的

饱和脂肪酸，黄油约有50%，猪油约有39%。

多不饱和脂肪酸在室温下为液态，极易酸败（比如食用红花油和葵花子油）。

单不饱和脂肪酸在室温下为液态，耐酸败能力居中（比如牛油果油、芥花油、橄榄油和坚果油）。

脂肪的替换

牛油和猪油可以互相替代，鸭油和鸡油（或者鹅油）提供的味道也类似。不同的坚果油有不同的独特味道，但如果你手头没有杏仁油，可以试试用核桃油或榛子油代替。中性油，如牛油果油、花生油、食用红花油、葵花子油及芥花油几乎没有什么味道，完全可以互相替代使用。至于奶油酱里的黄油，不管你听到其他人说什么，我至今都没有找到替代品，连稍微沾点边的都没有。有一次为了应急，我把带果香味的橄榄油拌入酱汁里（实际上是搅拌器里），结果味道确实不错，但与预期不同。

（不太好玩的）趣味科普　天下没有免费的午餐。当年人造氢化反式脂肪（olestra）问世时，美国人付出了惨痛的教训才明白这个道理。这种人造脂肪在味觉上就像普通脂肪一样令人满足，但却不会给身体留下任何热量。那有什么问题呢？原来，这种物质会按自己的时间和速度穿过人体（同时把营养也带到体外）。如果你在20世纪90年代末吃了一整罐品客薯片，你可是在自食其果啊。

烟点

烟点是油脂加热到一定程度开始冒烟时的温度。虽然有些浑蛋厨师在电视上演示时总说"把油加热到冒烟",但是出于对油脂本身、你的医保报销额度及健康状况的考虑,我实在不推荐这种做法。一旦油脂被加热到烟点或更高的温度,它就会开始分解并产生所谓的自由基,这些物质会像20世纪60年代的"芝加哥八人帮"(Chicago Eight)一样,在你体内乱窜,制造暴乱。另外,温度这么高真的会着火啊(我说的是油,不是你的身体)。

请遵循以下原则选用恰当的食用油脂。

- 选用低烟点和未经过滤的油脂,比如核桃油和昂贵的特级初榨橄榄油制作酱汁和为菜肴收尾。又如,可以用黄油制作锅底酱汁及含有蛋白质的收尾酱汁,也可以搭配面包一起食用(啊,美味的黄油)。

- 未精炼的亚麻籽油的烟点为107 ℃,这是非常非常低的,推荐在铸铁锅上刷一层这种油(作用类似玻璃涂层)以养护锅。此外,这种油也有其他多种用途。

- 使用中等烟点的油脂,如椰子油、橄榄油和耐高温的黄油块,用中小火烹饪。注意:尽管特级初榨橄榄油的烟点较低(163~190 ℃),但认真饮食网站(Serious Eats)的烹饪总监丹尼尔·格里泽(Daniel Gritzer)找不到任何科学文献来明确支持"橄榄油在高温下会对健康产生不良影响"这一观点。事实上,橄榄油是一个例外,它似乎能在高温下很好地保持品质[16]。

- 使用高烟点、精炼(过滤)或澄清过的油脂煎炸食物,比如酥油、牛油果油或花生油。牛油果油的烟点为271 ℃。或者，如前文所述，不要盲从广为流传但没有科学依据的建议，用橄榄油来解决你的所有烹饪需求。

酸败

油脂开始变质时就会酸败，产生难闻的霉味或蜡味。我问了一些人他们觉得酸败的油脂闻起来是什么味，得到了各种答案，从洗甲水到石油再到旧蜡烛，不一而足。对我而言，酸败的油脂闻起来就像玩了很久的培乐多彩泥。

氧气、光照和高温是油脂变质的首要原因。除非你打算在一个月内炸10只火鸡，否则请克制住去开市客（Costco）买好几大桶便宜油囤着的冲动。我只会在室温下存放少量的油，方便随时使用。剩下的都放在低温阴暗的冰箱里保存。橄榄油冷藏后会凝固。需要用的时候，整瓶拿出来静置一个小时左右，按需倒出即可。我还会把各类坚果和种子放进冰箱或冰柜保存，除非所剩不多，我能很快吃完。

一旦熟悉了酸败油脂的气味和味道之后，你自然就会明白如何确保食物的味道处在最佳水平。很少有人能识别出油脂酸败过程中所散发的气味和味道，或者无法识别这些异味在自己烹饪的菜肴中有多么明显，尤其是在用到诸如核桃油、芝麻油、亚麻籽油等特殊油脂，以及全麦面粉、薄脆饼干、各类坚果和种子时。有一次，我做了一份油醋汁来搭配沙拉。要装盘前我才尝了一口，天哪，我真后悔没有在这道沙拉被毁之前，闻一闻这瓶"新"橄榄油。现在，每次用油之前，我都会强迫症般地闻一闻，以确保油还新鲜。记住，酸败是一个过程，直到一段时间以后，油脂才会完全变质。我那瓶坏掉的橄榄油要怎么解释呢？我大概是忘了查看日期吧，也可能是经销商和杂货店储存不当，还有可能上述两种情况都发生了。

如果你不知道酸败的油脂闻起来是什么味道，可以买一瓶新鲜的特级初榨橄榄油做个实验。记得看标签，确保这瓶油是今年新榨的，而且没有添加防腐的抗氧化剂，比如丁基羟基茴香醚（BHA）、二丁基羟基甲苯（BHT）或维生素E，因为这些抗氧化剂会影响实验效果。一买回来就先闻一闻，记住这种干净、清爽的香气。在有盖的罐子中倒入一点油，然后把罐子放在温暖、明亮的地方，这时油会开始慢慢分解。每周都闻一次，你很快就会知道酸败的油闻起来是什么味了。尽管酸败的油不至于让你立刻生病，不过研究表明，长期食用确实对健康有害[17]。

脂溶性分子

大部分味道分子是疏水性的，听起来好像它们怕水似的，不过确实也是。只是此处提到这个知识的真正用意在于说明这些分子能溶于脂肪。从理论上来讲，把香草放进一锅水里熬制高汤是个不错的主意，但直接将其加入水中而不是油脂中，则意味着许多挥发性的香味物质就会蒸发到空气里，这会让你的屋子充满香气，却没有尽可能地留住味道。如果先用洋葱和油一起煸炒这些香草，再加水熬制高汤呢？味道就百花齐放了。

何时需要多加油脂

1. 如果菜肴太酸，你想要降低酸度，尤其是当你不想加甜的东西，或者你已经增加了甜味但还需要其他方法时。想一想油醋汁里的醋和油是如何互补的。

2. 如果你觉得香味物质的味道没有被激发出来，多加一点油脂会有帮助（但要谨慎一些，尤其不要加入一大堆奶油）。

3. 如果你只是想让口感更柔软顺滑。

控制油脂的用量

有些人认为，世界上就不存在太油这种问题。这种人估计需要切除胆囊。本书的首要主题就是平衡，所以我坚信，如果你面前有很多道菜，而其中只有一道非常油腻，那没有关系，特别是如果配菜里还有爽口的泡菜或者全是能吸收油脂的淀粉时，就更没问题了。但如果只有一道菜，而且是一道盖满了油的菜呢？好吧，那你的胃就要受苦了，而且你以后回想起来也不会对这顿饭有太多好感。一点油脂的影响力就很强了。

如果你觉得自己做的菜太油了，条件允许的话，去油是最好的策略。基本的方法是通过冷却使油脂凝固，这样它自然就会浮到表面，接着就能轻松去油了。如果来不及冷却，就在烹饪时撇去表面的油脂（具体示范参见第86页）。或者，可以试着加入更多的酸来阻断对油脂的感知。或者，你也可以用淀粉搭配这道菜，让淀粉吸收多余的油脂。油脂就像盖在你味蕾上的毯子，让你保持温暖舒适，但你不能及时感知外界情况。一道汤里如果有太多的奶油或油脂,你的舌头就会变成《南方公园》(*South Park*)里的肯尼(他把那件温暖的外套的拉链一直拉到了脸上,完全与世界隔绝)。你知道肯尼每集的结局是什么吗?他每集都会死,而且他永远察觉不到自己已经大难临头。

油脂会包裹舌头,虽然它可以溶解脂溶性分子,但它也会使味觉变得迟钝。想象你在喝一碗加了许多香草的汤,然后再想象你往汤里加了一杯奶油。汤的质地变了,尝起来可能更美味,但香草的直接冲击力变弱了。话虽如此,一开始炒香草时,你还是需要加入超过1茶匙的油来激发味道。加了油之后你应该转动炒锅,让油铺满锅底。大多数菜肴需要至少1~2汤匙油。

趣味科普 油封(confit,源于法语单词"confire",意思是"保存")是法国西南部的一种传统烹饪方法,做法是把肉(通常是鹅腿或鸭腿)稍微腌制几天,用油小火慢煎,然后储存在冷却的油里。油会形成一个保护屏障,隔绝微生物进入肉中,而肉则会变得多汁、诱人且肥美。这是冷藏技术诞生以前的流行做法,不过如今我们仍然保留了这种吃法,原因就在于**脂肪**。

烤冬季时蔬配椰枣佐意式熏火腿油醋汁

　　这道沙拉刚好可以满足冬季宅家时的所有需求。我非常喜欢把香甜浓郁的椰枣和肥肥的腌火腿搭配在一起。在这道菜里，意大利黑醋微甜，同时又含有足够的酸度来解橄榄油和意大利火腿的油腻。这道菜可以搭配烤鸡食用，也可以在上面放一个荷包蛋单独上菜。

- 1个未去皮的大地瓜，切大块
- 1个未去皮的大嫩南瓜，纵切成两半，去籽，横切成1/2英寸宽的南瓜片
- 1/2磅抱子甘蓝，去梗，纵切成两半
- 1/4杯特级初榨橄榄油，分成两份
- 5颗帝王椰枣，纵切成6份
- 1/2茶匙细海盐
- 2盎司意式火腿，切小丁
- 1汤匙切碎的红葱头
- 1茶匙略微压碎的茴香籽（非必选项）
- 1/4茶匙红辣椒片
- 1/3杯无盐或低钠鸡汤
- 2汤匙意大利黑醋
- 1汤匙浅色红糖
- 1茶匙橙子皮

1. 烤箱预热至232℃。

2. 将地瓜、南瓜和抱子甘蓝放在铺了烘焙纸的烤盘上，淋上2汤匙橄榄油。摇匀后，均匀地撒上盐。蔬菜切面朝下。不要把烤盘摆得太满，如有需要，可以使用两个烤盘。烤15分钟后，加入椰枣，混合均匀，再烤15~20分钟，或者烤至蔬菜完全软烂，边缘焦糖化。

3. 与此同时，制作油醋汁。开中火，用煎锅加热剩下的2汤匙橄榄油。倒入意式火腿丁，慢慢煎出油脂，直到火腿丁变得酥脆。用

漏勺捞出火腿丁，放在厨房纸上吸油，将剩下的油留在锅里，倒入红葱头、茴香籽和红辣椒片。大约5分钟后，待红葱头变软，倒入鸡汤、意大利黑醋和红糖。调小火，待汤汁减少1/3时关火，倒入碗或罐子中。往做好的油醋汁里倒入3/4的脆火腿丁及橙子皮。你也可以将脆火腿丁和油醋汁一起打成泥，做成顺滑浓稠的酱汁。油醋汁可以在冰箱里冷藏保存一周。

4. 把油醋汁倒在蔬菜上，摇晃均匀。将蔬菜分装在四个盘子中，撒上剩下的脆火腿丁。

脂肪味

奶奶家的烤牛胸（10~12人份）

在这道菜中，红酒和芥末的酸味是解腻的关键。同时，搭配土豆也可以帮助吸收部分肥油。这道菜是我奶奶家每周五晚上的经典大菜。爷爷会站在桌子的主位，把大块的牛肉逆丝切成薄片。回忆里的画面历历在目，薄片靠最微薄的力量支撑着，一开始没有散开，过了一会儿才从刀口滑落。我们都在一旁看着，馋得口水直流。快把辣根递给我。

牛胸肉部分要用到的食材：

- 1整块（8~10磅）牛胸肉（肉质比较肥的胸边肉，或者说是有两层的那个部分，跟肉贩说你要这一块就对了）
- 2茶匙细海盐
- 2汤匙耐高温的脂肪，比如酥油；或者耐高温的油，比如牛油果油，分成两份
- 1茶匙现磨黑胡椒
- 5颗洋葱，切成约1/2英寸宽的半月形
- 4片干月桂叶
- 1汤匙全麦芥末酱
- 2杯酒体饱满的红酒，比如赤霞珠或西拉
- 1杯无盐牛肉汤或鸡汤（或水）
- 16颗带皮小土豆，比如拇指土豆或刚长出来的小土豆
- 3根中等大小的胡萝卜，切成约1/2英寸宽的圆片
- 2大根西芹梗，切成约1/2英寸长的小段

辣根奶油部分要用到的食材：

- 1/2杯充分打发的浓奶油
- 1/2杯蛋黄酱
- 1/2杯辣根酱
- 1/2茶匙蜂蜜
- 1/4茶匙细海盐

1.烹饪前一天用盐腌制牛胸肉，然后放冰箱冷藏一夜，不用盖

盖子。

2. 准备烹饪前，先预热烤箱至150℃。

3. 用大的荷兰锅或铸铁锅大火加热1汤匙酥油或牛油果油。牛胸肉上撒上黑胡椒，放进锅中煎至褐色，偶尔翻动，大约20分钟，待各面都煎至焦糖化后，出锅放置一旁。再往锅中倒入剩下1汤匙油，同时加入洋葱，快速翻炒，直到洋葱变为浅褐色，大约需要20~25分钟。牛胸肉肥的那面朝上，放进锅里，摆在洋葱上，同时加入月桂叶。在牛胸肉上刷芥末酱，将红酒和高汤倒在牛胸肉周围。

4. 将整口锅放入烤箱，不要盖盖子，烤2.5~3个小时，每45分钟给牛胸肉翻一次面。2小时之后，在牛胸肉周围放上土豆、胡萝卜、西芹，继续烤，直到蔬菜软烂，大约需要30分钟。取出牛胸肉，汤汁去油（去油妙招见后面注释）。牛胸肉密封冷藏可以保存2天。

5. 上菜前一小时，预热烤箱至150℃。把牛胸肉放进浅烤盘或耐烤的碗碟里，舀一些去过油的汤汁和蔬菜浇在牛胸肉上。用铝箔纸盖紧，烤至热透，大约需要45分钟。

6. 制作辣根奶油。在碗里充分打发浓奶油，直到出现小尖钩。在另一个碗里混合蛋黄酱和辣根。再加入蜂蜜和盐调味，搅拌均匀。轻轻地将辣根拌入打发的奶油中，直到混合均匀为止。盖好辣根奶油，最多可以在冰箱里冷藏保存3个小时（其实可以在冰箱里保存几天，不过打发过的奶油的轻盈感会消失）。

7. 将牛胸肉放在砧板上，逆丝切成1/4英寸厚的薄片。将肉片与蔬菜摆在大浅盘上，淋上汤汁，搭配辣根奶油一起上菜。

注释：给汤汁去油的最好办法就是提前一天做好。取出肉块以后，过滤热腾腾的汤汁。用单独的容器把肉和蔬菜装好冷藏。将汤汁倒进深且窄的容器中冷藏，第二天所有的油都会浮到表面。撇去油（也可以留下来做菜），混合汤汁与肉块和蔬菜，重新加热后即可享用。

好味道的秘密

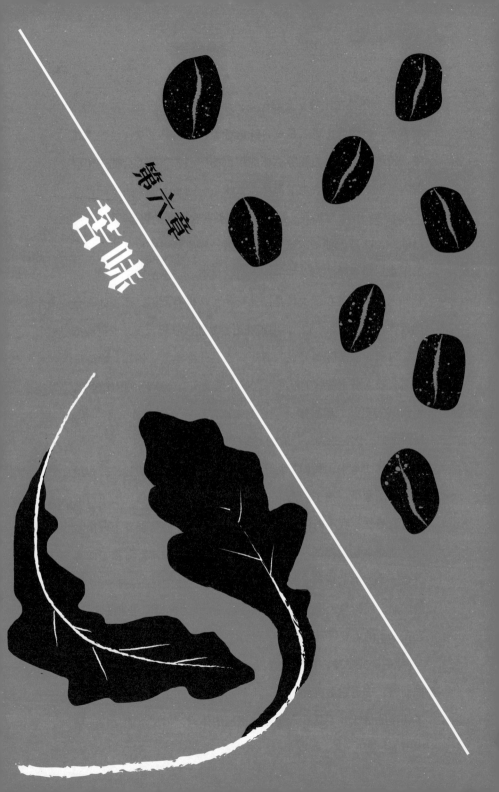

第六章

苦味

苦味需要找个好点的公关，因为“苦味”一词无论是在字面上还是在比喻义上都代表某种难以下咽的东西。孩子们忍受不了。少数人（可能是宽容味觉者）吹嘘自己喜欢深焙的黑咖啡、特浓的黑巧克力和啤酒花味超重的啤酒。有些人会把苦和涩混为一谈，认为舌头上的涩味和苦味是一回事。但舌头上那种持久的皱缩感和干涩感其实是由单宁这类富含苯酚的化合物造成的。记住，苦味是一种基本味觉，而不是一种质地或感觉。我们将在第十章讨论单宁。三叉神经受到刺激是造成涩感的真正原因，而有些人分不清苦和涩大概是因为有些苦味**也有**涩感。还有些人会把苦味和酸味混为一谈[18]，但苦味更容易让人卷起舌头，也更加持久、讨厌，而酸味则会让人噘起嘴巴、分泌唾液。例如，葡萄柚有时会被人贴上苦味的标签，这种水果确实有一点苦，但比起苦，果肉其实更酸。单独嚼一下它的果皮，你就会知道什么才叫苦。接着漱口，尝尝果肉，是酸的。多试几回你就能弄明白了。

在第四章中，我们了解到，孩子们天生就更爱甜味，因为糖是热量的象征；孩子们对苦味也格外敏感，因为苦味代表了可能有毒。当然，我小时候对这些一无所知，只知道有很多东西很难吃，而甜食是最棒的。我还知道另外一件事：咖啡，对孩子而言真是一个残酷的玩笑。我身边的成年人都沉迷于这种焦香味浓郁的饮品，而我每天早上醒来时总是能在卧室里闻到飘进来的香气。它在早上的重要性甚至超过了我们这些孩子。父母总会对我们说：“等我们喝完咖啡，再问问题。”我和哥哥弟弟们当然想试一试这种仙露，毕竟它厉害到可以让小孩闭嘴。在那么小的年纪就尝到了咖啡的滋味并不是我人生中最糟糕的体验，但那可能是我的糟糕经历中最早的一次。我的口味从此变了，部分原因是随着年龄的增长，以及在味蕾正常退化的过程中，我的苦味感受器变少了，但同时我也受到了文化压力的影响，迫使自己去适应更苦的东西。你可能会发现，你在成长过程中也经历着同样的变化。无论你的味觉如何，无论你年龄几何，只要反复尝试，外加一点程度尚且合理的同辈压力，你也可以学会适应许多味道。

餐前酒和餐后酒

你可能听说过餐前酒和餐后酒，好奇这两个玩意儿到底有什么区别。关于这一问题的讨论有很多，但先让我简化一下：比如干味美思、香槟、金巴利和苏打水这类酒精度低、没有甜味的酒水应该在餐前上（餐前酒），而像菲奈特和其他苦酒（amari）这类更甜、更苦或更容易喝醉的酒应该放在餐后（餐后酒）。

苦酒（amari，意大利语中"amaro"的意思是"苦"，amari 则指的是苦甜夹杂的香草利口酒）中各种香草、草根和香料的苦味萃取物有助于分泌唾液、胃液和消化酶。大多数人喜欢在餐后喝苦酒，但我喜欢餐前餐后**都**来点。你不妨也试试看。我推荐餐前喝金巴利和苏打水（如果你喜欢甜一点的话，可以加入少许味美思），餐后喝阿佩罗气泡酒（Aperol spritz）、利莱酒（Lillet），然后再喝德国的恩德宝草药酒（Underberg）、法国的荨麻酒（Chartreuse）或者意大利的雅凡那（Averna）。

如果你也是那种不能很好地分辨苦味、酸味和涩味（单宁）的人，可以试试看下面这个确实有效但可能不太讨喜的实验。对着镜子品尝下面这几种食物，在品尝每一种食物前都要漱口。先吸一口柠檬，接着喝几口苦味酒，最后吸一袋泡过的红茶包。如果可以的话，麻烦请朋友帮你录像，然后能尽快将视频发给我就更好了。我现在生活的盼头就是想看看有没有人真的做了这个实验。

趣味科普　显然，苦味在进化过程中具有保护作用，所以人类才会有超过20种苦味感受器，而只有少数甜味感受器。水母、果蝇和细菌也能感知到苦味化合物。

关于苦味的基础知识

苦味会让你的精神高度集中。当你的味觉感受器被激活时，你会问自己是什么在对你的味蕾发起或大或小的攻击，然后你会在一瞬间决定是否要吞咽下去。这种感觉如果不是太强烈，就会唤起我们对通常与苦味有关的毒素的本能厌恶。甜味安抚味蕾，而苦味则撞击味蕾、摇晃味蕾，使其强烈地感觉到它的存在。就像有些人会对甜食或高脂肪食物上瘾一样，有些人反而会被这种强烈而复杂的味道所吸引。苦味就像一把刀，它切穿黄油，剖开包裹味蕾的浓郁外壳，抑制其所到之处的甜味，随后留下复杂的味道。请允许我为你介绍形形色色的苦味家族，其中包括蔬菜、香料和水果世界的成员：柑橘类水果的果皮；巧克力、茶和咖啡中的咖啡因；啤酒花；抱子甘蓝、羽衣甘蓝、西洋菜台、芜菁、芝麻菜和辣根等芸薹属植物；苦瓜；胡芦巴；芹菜叶；核桃；焦糖和焦吐司等烧焦的食物，不一而足。

趣味科普 你有没有想过为什么刷完牙后再喝橙汁尝起来特别苦？你可能会以为这是因为薄荷和橙子搭配在一起不适合，但事实并非如此（用薄荷和橙子做的沙拉就非常美味）。原因在于大多数牙膏中添加了十二烷基硫酸钠和十二烷基醚硫酸钠。这两种化合物都会抑制我们的甜味感受器，使苦味感受器更加敏感。瞧，这就是刷完牙后喝橙汁又苦又令人恶心的原因。事实证明，牙膏中添加这两种化合物是为了达到"刺痛"的效果，而不是为了我们的牙齿健康，所以你大可选购不含这两种成分的牙膏，或者吃完早餐后再刷牙。

控制苦味的用量

尽管苦味让食物产生了复杂的层次，但对大多数人来说，它仍是一种需要控制而非多多益善的东西。如第二章所述，盐是消除苦味和提升其他味道的最佳方法，但是当你已经加了足够的盐，仍觉得苦味太重时，还有一些妙招可以帮助你，如下。

● 焦糖化：对许多蔬菜来说，烤、煎或炖可以通过激发天然的甜味、蒸发苦味的汁液来减少苦味。但请注意，有一些例外，例如，芝麻菜煮熟后会变得更苦。

● 焯水：虽然我比较少用这种方法，因为它会使食材的一些营养流失，不过将抱子甘蓝、西洋菜台和羽衣甘蓝放进煮沸的盐水中焯一两分钟，然后再泡进冰水里（防止蔬菜被煮熟），也可以减轻一些苦味。

- 冲洗：当羽衣甘蓝被切碎时，一种酶（芥子酶）和含硫化合物（硫代葡萄糖苷）会相互结合，产生一种名叫异硫氰酸酯的发苦的鬼东西。切碎后快速冲洗一遍或揉搓一下可以去除一些苦味。

- 加甜味食材：在菜里加入一些甜味元素，比如蜂蜜或葡萄干，会产生所谓的**"相互抑制"**。换句话说，苦味会被甜味压制，甜味会因苦味而减少。

- 稀释：加大菜量是稀释苦味的一个有效办法。苦味可以增加菜肴的复杂性，但只要一点就够了。加入诸如豆类或烤面包丁等口味清淡的食材可以凸显苦味的积极效果，且又不会让味蕾难以忍受（示例详见第95页的温红菊苣沙拉配白豆和烟熏海盐菜谱）。

- 加脂肪：因为脂肪会包裹舌头，有助于掩盖苦味。拌抱子甘蓝时可以加些橄榄油，或者在咖啡里加些奶油。

- 加热：温的或热的食物比冷的食物更能掩盖苦味。放了半个小时的咖啡尝起来总是比滚烫的咖啡更苦一些。食物越烫或越凉，你的味蕾能察觉到的东西就越少（有关控制食物温度以达到预期效果的内容详见第十一章）。

> **趣味科普** 敏感味觉者（占总人口的25%）倾向于在他们的食物中加入更多的盐，因为他们比普通味觉者或宽容味觉者更易感知到强烈的苦味。不管他们是否曾意识到这一点，他们伸手拿盐，其实是因为盐使食物更可口了。

实验时间

教学内容： 展示盐减少苦味的神奇魔力。

所需材料： 细海盐、一根未去皮的黄瓜、8盎司浓香深焙咖啡、一瓶含有超多啤酒花的印度淡色艾尔精酿啤酒（IPA）。

黄瓜

将黄瓜（不是英国黄瓜）切成1/4英寸厚的圆片。尝一片看看。注意你尝到的味道。甜吗？最后有点苦味吗？在另一片上撒上几粒细海盐，静置2~3分钟，让它吸收一下盐分。现在再尝尝这片腌过的黄瓜。你注意到甜味重了而苦味轻了吗？

咖啡

煮或买一杯浓咖啡。如果你要买的话，请买星巴克的美式咖啡，他们的咖啡烘焙得很深（有些人可能会说烤焦了），有一股明显的苦味。把咖啡分成两杯。在其中一杯里放一小撮细海盐，然后搅拌均匀。另一杯保持原样。分别品尝后进行对比。如果你察觉不到明显的差异，请继续往第一杯里加盐，直到可以尝出差别为止。加了盐的那杯尝起来应该一点也不咸，但你应该会注意到，苦味明显减轻了。就我个人而言，我认为往咖啡里加盐比加甜味剂更有效。你也可以根据自己的口味拿一些盐和甜味剂配着玩。

印度淡色艾尔精酿啤酒

用印度淡色艾尔精酿啤酒重复上述的咖啡实验（不添加任何甜味剂）。

趣味科普 大多数人认为咖啡本身就是苦的，但作家兼食品开发员巴布·斯塔基知道真相。事实上，咖啡中只有10%的苦味来自咖啡因，其余的苦味都来自烘焙和煮制过程中产生的酚酸。烘焙得越深，煮出来的咖啡就越苦。

实验时间

教学内容：展示苦味如何平衡令人倒胃口的甜腻，并创造深度和复杂性。

经典曼哈顿鸡尾酒（2杯）

- 2盎司黑麦威士忌或波本威士忌（传统做法是用黑麦威士忌，不过波本威士忌也很不错）
- 酒浸樱桃，装饰用（路萨朵樱桃最佳）
- 1盎司甜的红味美思酒（我喜欢 Antica Formula）
- 4毫升苦精或橙子苦精（可选项有很多，选一个你最喜欢的吧！），分成两份

　　这个实验超级简单。将威士忌和味美思倒进玻璃杯或玻璃瓶中，加满冰块，充分搅拌。滤入两个冰镇的马提尼酒杯中。每杯加一颗樱桃。在第二杯中加入2毫升苦精，轻轻搅拌均匀。品尝第一杯不含苦精的曼哈顿。用清水漱口后，再尝尝第二杯。第一杯酒味重，有点单调，味道微微让人发腻。含有苦精的第二杯的味道应该更平衡、更复杂、更饱满。现在把剩下的2毫升苦精倒入第一杯中，因为学习时间已经结束啦，而且没理由强迫自己喝难喝的酒啦。

温红菊苣沙拉配白豆和烟熏海盐（4人份）

　　这道菜使用了本章讨论的四种苦味平衡法：首先是稀释法，最后的成品中只含一点苦味的红菊苣；其次是将红菊苣进行焦糖化处理，以增加其天然的甜味；再次加盐来降低对苦味的感知；最后用蜂蜜来提升甜味，达到平衡。

- 1杯干白豆，或2罐（414克）白豆罐头，冲洗并沥干
- 1汤匙犹太盐
- 1汤匙特级初榨橄榄油
- 1/4杯切碎的红葱头
- 1颗红菊苣，去芯，切成一口大小的小块
- 1茶匙蜂蜜
- 1/2茶匙切碎的新鲜迷迭香
- 烟熏海盐
- 1杯烤面包丁（将面包丁放在149 ℃的烤箱里烤15分钟）
- 1杯意式绿莎莎酱（菜谱详见第50页）

1. 如果用的是干白豆，先用约1夸脱盐水（用犹太盐）浸泡，并放进冰箱冷藏一夜。第二天，把豆子沥干，放进中等大小的锅中，用清水浸没，水面至少高出豆子3英寸，加入一小撮盐。煮沸后，调中低火慢炖45~60分钟，或直到豆子变软。连煮豆子的水一起放凉备用。

2. 与此同时，将橄榄油倒入中等大小的炒锅中，中高火加热。下入红葱头，炒5分钟，或直到葱头变软。加入红菊苣、蜂蜜、迷迭香和烟熏海盐调味，再炒5~7分钟，直到红菊苣边缘呈浅褐色。

3. 把豆子沥干后，将其和上面那锅红菊苣及烤面包丁一起放入一个大碗里。倒入一半的绿莎莎酱，轻轻混合均匀。尝一尝味道，如果喜欢的话，可以再加些绿莎莎酱。

咖啡巧克力炖牛小排（6~8人份）

深焙咖啡和黑巧克力都是苦味元素，可以解牛小排的油腻，为这道丰富、美味的菜肴增添了复杂性和深度。红糖和甜椒则可以提供甜味。

- 5磅牛小排
- 1汤匙细海盐
- 3汤匙红糖
- 1½汤匙安秋辣椒粉，多准备一些备用
- 1汤匙烘焙咖啡豆
- 2茶匙孜然
- 2茶匙干牛至叶
- 2汤匙耐高温的油，比如牛油果油
- 1个洋葱，切成中等大小的丁
- 1个红甜椒，切成中等大小的丁

- 2个塞拉诺辣椒，烤焦后切碎（保留辣椒籽和膜）
- 3瓣大蒜，切碎
- 2杯深焙浓咖啡
- 1罐（828毫升）炖煮的整颗番茄（我喜欢Muir Glen）
- 1汤匙番茄膏
- 1/2杯大致切碎的70%黑巧克力
- 1杯切碎的香菜，装饰用
- 4杯奶油玉米粥（菜谱附后）

1. 最好提前6~8个小时腌制牛小排并放进冰箱冷藏，最晚也要在烹饪前2个小时准备。

2. 准备烹饪时，先将烤箱预热至150℃。

3. 将红糖、安秋辣椒粉、咖啡豆、孜然和干牛至叶放入香料研磨机磨成粉，然后放在一旁备用。

4. 把油倒进厚底锅中，中高火加热。将牛小排分次煎至呈漂亮的褐色。装入浅盘中，放在一旁备用。

5. 调中火，将洋葱、甜椒和辣椒加入锅中，翻炒，直至洋葱变透明。加入大蒜和香料粉，搅拌均匀，继续炒5分钟。倒入咖啡、炖煮的整颗番茄和番茄膏，搅拌均匀后煮沸。把牛小排和所有流出的汤汁都加入锅中，再次煮沸。

6.把锅放入烤箱，不盖盖子，烤到牛肉变得十分软嫩，大约需要3~4个小时，每隔1小时要给酱汁里的牛肉翻面。待牛肉松软到可以插进叉子时，撇去表面的油脂。加入巧克力，搅拌融化，均匀地拌入酱汁里。如果喜欢的话，可以用盐和多余的安秋辣椒粉调味。最后用香菜点缀，与玉米粥一起上菜。

奶油玉米粥（4人份）

- 4杯无盐蔬菜高汤
- 1茶匙细海盐（若高汤含盐，则非必选项）
- 1杯玉米粉（意式粗粒玉米粉）
- 2汤匙无盐黄油

　　用大汤锅把高汤和盐大火煮沸。调中火，慢慢加入玉米粉，不断搅拌，防止结块。用小火慢煮20分钟，持续搅拌，避免结块，直至玉米粉变得浓稠顺滑。加入黄油，彻底搅拌均匀。调味后即可上菜。

第七章

鲜味

回想一下那些让你垂涎欲滴的美食。是什么让你钻进车里，开进城市大街，又是什么让你打开外卖软件，向商家付钱？在美国，最有可能的就是汉堡、烧烤、寿司、比萨，或者任何有培根或薯条的食物。所有这些令人垂涎的美味都含有大量的鲜味。每个人都在谈论"鲜味"这个时髦的词，但很少有人知道它到底是什么意思。每次当我想听懂现在那些"小年轻"说的流行语时，就会上城市词典网站（UrbanDictionary.com）搜一搜。网站上是这样解释"鲜味"的：

> 一种电视上的大厨假装认识但根本不会定义的（捏造出来的）狗屁味道。出于同行的压力，大厨们会反复说些关键词，装作他们自己知道这是什么，但其实谁也不懂。
>
> 兄弟，我刚刚看到安德鲁·齐默恩（Andrew Zimmern）说黄油里有鲜味。上一集是蘑菇。我很确定，这个词肯定是他们胡编乱造的。

第一条"定义"有点道理，因为确实有很多人搞不懂什么是"鲜味"。第二条虽然有趣，但不对，因为蘑菇的鲜味含量极高。

关于鲜味的基础知识

鲜味是由多种对氨基酸（主要是谷氨酸）和核苷酸[主要是鸟苷酸（GMP）和肌苷酸（IMP)]敏感的感受器产生的一种味觉，在它们的共同作用下，食物给人一种超级"美味"的感觉。完全听不懂，对吧？不那么严格地说，鲜味指的是富含蛋白质的、腌制的、发酵过的真菌类或来自海洋（海藻和贝类等有壳的水生动物）的食物中的那种醇香、丰厚和美味。蛋白质分解成谷氨酸和其他氨基酸，便产生了可口的鲜味。著有《苹果》（*Apples*）、《必不可少的牡蛎》（*The Essential Oyster*）等多本好书的作者罗恩·雅各布森（Rowan Jacobsen）指出："世界上有相当一部分的烹饪传统都致力于此（分解蛋白质）。发酵时，细菌攻击蛋白质就能做到这一点。烟熏、腌制和干式熟成也可以做到这一点。还有乳酪制作过程中，微生物也会分解牛奶中的蛋白质。当然，高温或长时间加热同样可以做到这一点，比如烧烤或烘焙。"

多力多滋芝士味玉米片用鲜味引你上钩的方法有六种。其中三种是以天然食物的形式，即罗马奶酪、切达奶酪和番茄粉。另外三种形式的威力则堪比精准制导武器的等级：比如味精（详见第107页）、游离核苷酸（鸟苷酸和肌苷酸），这些物质都会大大增强鲜味的攻击力。

如果你咂了咂嘴，对你正在吃的东西感到满意，那么我猜这可能是某种富含鲜味的食物。我请我的吃货朋友们在不借助任何食材的情况下形容一下鲜味。"我的嘴里仿佛在开派对。"马修说。"是牛肉味的精华，"米歇尔说，"充满鲜味的食物在口腔后部的角落里都能尝到。"鲜味是一种美味多汁、饱满、浓郁，并且带有肉香味的口感。英文中的鲜味"umami"一词是从日文"うま味"借用而来的，这个日语词汇可以拆分为"うまい"（umai，意思是"美味的"）和"味"（mi，意思是"味道"）。

当你吃了富含鲜味的食物时，你的唾液腺就会进入高速运转的状态，口腔的各个部位都会做出反应（顶部、后部、喉咙，你甚至会感觉到舌头上有一种被抓住、包裹的感觉）。当你吞下食物后，可口的、令人满意的余味还留在口腔中。这听起来很夸张，但实际上吃下富含鲜味的天然食物的过程相当微妙。不过加工过的鲜味食品就没有这么微妙了，以多力多滋为例，这个牌子的玉米片就是一种经过完美加工的食物，其中注入了用量精准的鲜味及用量完美平衡的盐、酸、糖和脂肪。再加上吃起来令人满足的质地和声音，让你根本找不到自己身上的"停止"键[19]。

天然的鲜味剂

几个世纪以来，厨师们虽然不了解鲜味背后的科学原理，但他们一直在使用以下食材来增强食物的味道：

- 菌菇类，尤其是干香菇
- 日晒番茄干、番茄膏和番茄酱
- 帕玛森干酪和蓝纹奶酪
- 鳀鱼和鱼露
- 酱油
- 维吉麦蔬菜酱和马麦酱
- 味噌
- 腌肉
- 即食酵母

- 发酵鱼
- 胡萝卜
- 土豆
- 卷心菜
- 菠菜
- 西芹
- 绿茶
- 海藻，尤其是昆布
- 贝类等有壳的水生动物，尤其是蛤蜊和虾酱

鲜味起源的故事

2009年，一篇科学评论证实了人体有针对谷氨酸的感受器，因此，鲜味被认为是第五种得到正式认可的基本味觉，和咸味、甜味、苦味及酸味一样。日本人听到这个消息的反应应该就像这样："嗨，很高兴大家终于加入我们了，我们的所有料理都是围绕着鲜味打造的。"来认识一下鲜味真正的发现者池田菊苗博士吧，或者你也和我一样，称他为"美味博士"。1908年，池田确定了谷氨酸是使昆布（及其高汤）的味道区别于其他味道的原因。他把这种特殊的味道称作鲜味，日本味之素公司继而开始生产味精（谷氨酸钠）。到了20世纪50年代，另一位科学家国中明博士揭示了富含谷氨酸的食材与富含鸟苷酸和肌苷酸的食材之间存在着协同关系。

鲜味和食材的协同关系

为了与启发了鲜味研究的原材料保持一致，我们首先讨论一下出汁（dashi），这种日式高汤是日本料理的核心。出汁是用富含谷氨酸的昆布和富含肌苷酸的烟熏鲣鱼片熬制的，是一种制作方法简单的高汤（菜谱详见第114页），它能让所有与之接触的食材变得更美味、更浓郁、更饱满。这种协同搭配所产生的浓郁鲜味是一种我们可以随意使用的强大烹饪法宝。素食主义者可以用富含鸟苷酸的干香菇代替鲣鱼，即使成品不完全相同，效果也差不多。类似的协同搭配的例子还有：

- 汤里的卷心菜和鸡肉

- 帕玛森干酪和番茄酱汁与蘑菇

- 凯撒沙拉里的鳀鱼和帕玛森干酪

- 奶酪汉堡里的奶酪和肉

　　单单番茄本身就已经是鲜味界的佼佼者。藏在包裹着番茄籽的胶质里的是氨基酸和核苷酸。这个知识的发现要归功于伦敦近郊肥鸭餐厅（Fat Duck）的知名主厨赫斯顿·布卢门塔尔（Heston Blumenthal）。他注意到番茄的这部分胶质有很浓的鲜味，于是便与科学家合作证明了这一点。研究结果显示，这部分胶质的鲜味是番茄果肉的四倍。同时，品尝小组还认为，他们从这部分胶质中尝到的酸味和咸味也更重。自从知道了这些之后，我再也没有按照烹饪学校教我的那样——把番茄籽和这部分胶质做堆肥。

醉酒疯子煎饼

　　什锦烧（Okonomiyaki，字面意思是"想怎么烧就怎么烧"）是一道鲜味十足的美食，不过多数美国人可能从未听说过或尝过。至少到目前为止是这样。

　　这是一种充满鲜味的"煎饼"，用到的食材似乎是从一个醉酒疯子的头脑中随机抽取的，它体现了日本人对鲜味的痴迷。接下来是基本工序，每一种富含鲜味的食材都用粗体标出来了。首先，将**卷心菜**和**山药**拌在一起。其次，加入小葱、打散的蛋液、腌姜、炸天妇罗脆片、**盐**、**日式高汤**（海带/鲣鱼汤），也可以加些海鲜，比如**虾**、**鱿鱼**或扇贝。再次，开始制作煎饼，在饼面上撒几片**五**

花肉。翻面以后再煎久一点，淋上一些什锦烧酱（由番茄酱、酱油和鳀鱼制成）。最后，淋上蛋黄酱，撒些海苔碎和鲣鱼片。

趣味科普 你喝的第一口东西很可能充满了鲜味。我说的不是醒酒以后让人后悔不迭的龙舌兰酒，而是你人生喝的第一口母乳。母乳几乎和肉汤一样鲜美。妈妈，感谢您！

何时给一道菜提鲜

1. 当你已经解决了咸味、酸味、甜味、苦味和脂肪的问题，但你还想给这道菜增添些魅力时。如果你无法做到在菜肴里加更多的盐而不使它过咸，那就大胆使用未经处理或腌制的鲜味食材（咸的），比如番茄膏或者香菇。

2. 当你感觉质地较为单薄，而你想提升菜肴的口感时。

3. 当你在为遵循少盐饮食的食客做菜时。鲜味会让菜肴尝起来更咸，但其实加入的钠更少。再次强调，确保你使用的富含鲜味的食材是不咸的，比如番茄和干香菇。

4. 当你想让素菜尝起来更有肉感时，加入蘑菇、干酪、番茄、酱油、味噌及（或者）海藻，接着就可以放手去做啦。

5. 当你选用的食材不如预期的那样味道十足，而你想要提升食物的美味程度时。

　　鲜味似乎很神奇，一旦人们弄明白鲜味可以给食物带来什么，唯一需要注意的就是，克制住逐渐对鲜味上瘾的念头（第一个迹象是把鱼露当作古龙水用）。研究表明，在汤中加入鲜味后，低盐的汤比未加鲜味的汤更可口。品尝者还对添加了鲜味后的低盐汤评了分，认为这样的汤更接近他们理想的咸度[20]。除了可口这项因素之外，鲜味甚至可以让你在吃东西的时候感到更加满足。研究表明，富含鲜味的食物一开始会激起饥饿感，但接着饱腹感会增加，这意味着人们在吃富含鲜味的食物时会更满足，也会饱得更快。这佐证了鲜味可能有助于控制食欲这一观点[21]。如果你很满意自己正在吃的东西，那就不太可能很快想吃别的东西。这也算是常识吧。

一些富含鲜味的关键食材

1. 鱼露：鱼露可以（也应该！）用于各种菜系，而不仅仅是亚洲菜。在汤、酱汁和蘸料中都可以滴几滴，或者，如果你是我的话，任何时候、任何菜肴里都可以加一点。不要加太多，以免食物尝起来满是鳀鱼味，但要加够量来打造质地和深度。或者可以加入半原始的鱼露，也就是腌鳀鱼；你可以将它融在橄榄油中做成意大利面酱，靠鳀鱼的鲜味让人啧啧称奇。我太喜欢鱼露了，甚至还为它写了一首小诗（详见第108页）。

2. 帕玛森干酪：可以把磨碎的帕玛森干酪撒在任何食物上。奶酪的外皮可以加入汤、炖菜和豆类菜肴中，以增加深度。食物煮好后，把外皮捞出来，转过身去，背对着房间里所有人，用牙齿刮掉新露出来的那层融化的奶酪。

3. 番茄膏：可以在烤蔬菜里加一大汤匙，可以在做汤或酱时和洋葱一起炒，也可以用来做肉酱和蘸料。

4.菌菇类：干香菇是一种特别多功能的鲜味来源，可以在食品储藏
柜里常备。菌菇类可以加入蔬菜清汤、汤及炒菜里来提升鲜味。
牛肝菌可以磨制成粉：在香料研磨机中将干牛肝菌研磨成非常细
的粉末，然后将其拌入炒洋葱或涂抹在牛排上。

5.味精：等会儿，什么？吓到了吗？请继续读下去。

味精的秘密

味精，或者说谷氨酸钠，是一种食品添加剂，也是一种增味
剂，通过细菌发酵制成，类似于酸奶或奶酪的制作方式。因为有
些人说自己吃了味精之后会出现过敏反应，所以味精的口碑很差。
但和任何其他精炼的食品添加剂（比如糖）一样，适量是关键。
实际上，味精和精制白砂糖一样，都不是天然产物，这意味着当
你走进树林里时，不太可能会掉进一堆味精里，也不太可能会跌
进糖堆里。当然，两者也都不是健康食品。我个人更喜欢用天然
食材，从源头获取鲜味，而不是求助于添加剂。但是科学实验已
经相当清晰明了：实验结果显示，自称对味精过敏的受试者在双
盲、安慰剂对照实验中并没有产生不良反应，适量的味精对人体
健康无害[22, 23]（我再说清楚一点，我不否认有些人会对味精过敏，
但科学研究并未认定味精是罪魁祸首。基于这些实验数据，我们
可以得出下述结论：可能是其他成分引起了副作用，而不是味精
本身）。不管怎样，我偶尔也会从多力多滋或其他加工食品中摄入
味精，这些食品中的味精会以其他名称出现，比如自溶酵母、酵
母提取物或任何"水解"的东西。我更推荐的做法还是从天然的

食物中获取鲜味，比如肉类、菌菇类和奶酪（就像我喜欢用水果或蜂蜜形式的糖烹饪一样）。所以，尽管痛恨味精吧，但至少在看待糕点里的糖或早上喝的咖啡里的糖时，要避免双标。

好味道的秘密

鱼露颂

那天你想和我分开。

你倒在我的丰田车里。

也许你想就此了断；我们的世界让你失望了。

毕竟尘世无法容纳你的美妙。

你渴望冒险，我的婚姻因此不堪重负。

就像太阳定会升起，你的香味也必将萦绕不去。

那天你想和我分开。

你倒在我的丰田车里。

你低估了自己。

我留住了你。

我焚毁了车。

平衡鲜味

很长一段时间以来，我一直以为美味是不会过头的，但我最近开始意识到，即使是鲜味也可能过量。当你开始觉得多力多滋、夹了蘑菇和番茄酱的奶酪汉堡，以及放了很多肉的比萨之外的其他食物尝起来很寡淡时，那么你就应该意识到，你的鲜味感知出了问题。

那么过量的鲜味尝起来是什么味道呢？我要弄明白。我把朋友吉姆"绑"到家里进行了一场即兴的家庭实验。我做了一份日式高汤（菜谱详见第114页）。尽管日式高汤是鲜味科学的源头，但它的味道却很微妙，很难精确地描述，所以我们分批次地加入味精（我加的是Ac'cent牌），并在每个阶段都尝一尝，看看味精是怎样一点点改变高汤的味道的。我们留了一杯不含味精的高汤，这样就得到了对照组，之后有需要的话可以用作对比。我们发现，一开始加的味精越多，高汤就越美味可口，但当我们加得太多，过了临界点之后，再品尝高汤，就感觉脸颊向内吸，舌头则像遭到了攻击似的扭曲起来。这感觉并不好，但又不像太咸或太苦的食物那么糟糕，像是有太多的感受向我的口腔袭来，让人有些承受不住。

我们又直接从味精盒里拿了点品尝，下文是我们粗略的品尝记录：

> 呃，怪怪的，舌头像被一股看不见的力量吸住了。不是完全无法忍受，但也不好受。

综上所述，通过实验和我们共同的烹饪经验推测，除非你用味精做菜，或者狂吃自助贩卖机里的零食（这里没有批判的意思），否则应该体会不到鲜味过头的感受。但如果你确实觉得自己做的菜鲜味太重了，可以加一些中性的、清淡的食材来重新平衡和定位菜肴的焦点。

教学内容：·鲜味如何打造深度、质地和饱满感。

　　如果忘了加盐，大多数菜肴就没有回旋的余地了，但如果是汤类菜肴，在最后阶段加盐打成泥就可以起死回生。鱼露是下面这道菜的关键食材，因为其中既有咸味，也有与本章相关的鲜味，同时还能打造出饱满、可口的味道（加鱼露之前的汤味道很单薄，几乎都是香料味）。当你正确使用鱼露时，虽然在汤里尝不出鱼露本身的味道，但你绝对会感激它做出的贡献。

柠檬香茅辣椒地瓜汤（4人份）

- 2汤匙初榨椰子油或者中性油（比如牛油果油）
- 1颗洋葱，切成小丁
- 2英寸长的新鲜生姜，研磨成泥（如果是有机生姜，可以不用去皮）
- 1/2杯干白葡萄酒或干白味美思
- 2根柠檬香茅，只留底部2/3，修剪干净，用刀面拍碎
- 2个塞拉诺辣椒，纵切成两半，保留梗和籽
- 3块新鲜或加水泡发的高良姜
- 3片青柠叶，用手拍碎，释放香气
- 5杯去皮地瓜，切大块
- 约1夸脱水或无盐蔬菜高汤（本实验必须使用无盐高汤）
- 1颗青柠的汁，多准备一些备用
- 1茶匙细海盐
- 1汤匙鱼露（我喜欢Red Boat），如有需要可以多准备一些
- 蜂蜜（非必选项）
- 1/4杯烤南瓜子，装饰用

1. 用中高火加热汤锅里的油。加入洋葱炒5分钟，或直到洋葱开始变软。

　　贝蒂有话说：通常这时候要加盐了，但为了做实验，请先等

一等。

2. 加入生姜再炒几分钟。倒酒收汁，直到汤汁完全收干。与此同时，拿一块薄纱棉布包好柠檬香茅、塞拉诺辣椒、青柠叶和高良姜，打结扎紧。

3. 将地瓜和布包放入锅中，充分翻炒2~3分钟。加水煮沸后，调小火，盖上锅盖（注意要留条缝），再炖煮30分钟，或者直到地瓜变软。

4. 地瓜变软后取出布包，用勺子将其按在锅边，挤压出里面的汤汁。用搅拌器（或手持搅拌器）将汤打成顺滑的糊状物，然后倒回锅里，加入青柠汁，尝一尝汤的味道。你觉得少了些什么？

贝蒂有话说： 你可能会注意到，柠檬香茅和青柠的清香有点过头了，使这道汤尝起来味道有点缥缈。少了盐，舌头中段会出现明显的空虚感，而汤的质地也会显得有些稀薄。

5. 现在加入细海盐，再尝一尝味道，是否感觉到有变化？请写下你的想法。接着加入鱼露，再尝一尝，简略记下你的感想。注意留心观察舌头各个部位的感受。

贝蒂有话说： 汤的基调应该不再缥缈了，本就应当如此！之前的味道太清新、太酸了，没有稠度，没有灵魂，也没有深度。鱼露的鲜味使味道更加饱满。你可能会觉得整个口腔都是这种感觉。汤的质地也不一样了，虽然你只加入了少量液体，但汤变得浓稠了一些。你嘴里更多的味觉感受器被激活，味道留在了你的舌头上，而汤的质地也不再稀薄了。如果你感受不到这些，而且觉得汤尝起来还是不够咸，就继续加鱼露，直到你能感受到这些积极的变化为止。

6.现在要做的就是决定你是否想要更多甜味；如果需要，就加些蜂蜜。将汤分成四份，用南瓜子装饰后，即可上菜。

好味道的秘密

斯佩兰扎意大利面（8人份）

　　这道菜是我对朋友约翰·斯佩兰扎（John Speranza）的经典菜肴"格里恰意大利面"（Pasta alla Gricia）的略微改进，也是为了研究鲜味浓郁的意式烹饪方法，其特色是用了腌猪肉和两种陈年奶酪。约翰更喜欢用容易买到的意式培根（pancetta）而非传统的意式风干猪脸肉（guanciale），罗马绵羊奶酪和帕玛森干酪，以及大量现磨的黑胡椒粉（如果你吃不了胡椒粉或者是个敏感味觉者，建议使用推荐量的一半即可）。使这道菜精益求精的秘诀就是掺一些含淀粉的煮面水，然后大力搅拌面条和奶酪，形成完美的乳化酱汁。好好享受这道一些人口中的"成人版"奶酪通心粉吧。

- 1汤匙犹太盐
- 1½磅意式培根厚片，或1磅风干猪脸肉（这种肉非常肥）
- 1小杯细磨的罗马绵羊奶酪
- 2磅干吸管面或意大利细面
- 1/4杯现磨的黑胡椒粉（用香料研磨器可以迅速磨碎）
- 1/4杯细磨的帕玛森干酪

1. 把一大锅水煮沸，然后加入犹太盐。

2. 与此同时，将意式培根切成粗条（约为0.6厘米×0.6厘米×2.5厘米），放在大煎锅里用中火加热。煎出培根中的肥油，偶尔翻动一下，直到肉条变成金棕色，肥肉部分变得透明，大约需要15分钟。把煎锅从火上移开，加入黑胡椒，不要翻动培根，静置备用。

3. 将意大利面煮至熟而有嚼劲，接着小心地将其捞进煎锅里，同时加入一杯煮面水。在意大利面上均匀地撒上奶酪，然后用夹子用力搅拌，直到每根意大利面都裹上奶酪、黑胡椒和猪肉酱，即可上菜。

日式高汤（约1夸脱）

　　日式高汤是鲜味科学的起源，也是众多日本料理核心的基础高汤。你可以把煮过一次的昆布和鲣节装在密封袋里放进冰箱冷藏保存，之后做所谓的二番出汁（第二道高汤）。一番出汁（第一道高汤）鲜味浓烈，用于做酱汁、蘸料和味噌汤。二番出汁通常用于炖肉和炖蔬菜，这些食材也有助于添加额外的鲜味。

- 10克昆布（海带）　　　　　● 20克鲣节（干鲣鱼片）
- 约1夸脱水

1. 烹饪前将昆布在水中浸泡至少30分钟，或在冰箱中冷藏一夜。用中小火慢慢将中等大小的汤锅里的昆布和水煮开，大约需要10分钟才能看到锅里开始冒泡。

2. 汤水开始微微沸腾时，用夹子取出昆布。在水里加入鲣节，小火慢炖几分钟后，关火冷却。当鱼片沉入锅底后，用细筛网过滤高汤。

注：素食主义者可以用15克干香菇代替鲣节，做成香菇昆布高汤。把香菇和昆布一起浸泡一夜，然后按照菜谱制作。当汤水开始微微沸腾时，取出昆布，留下香菇继续炖煮10分钟。食用前请先过滤。

第八章

香味

我们已经讲了好几章的内容，现在才开始讨论香草和香料。这是为什么呢？不是只有你一个人认为，香味食材是让食物变得趣味无限的**关键因素**。从理论上来讲，我赞成这个观点，但我想提醒你一点，现实生活中很少有人会在尝了一口他们自己做的或点的食物后说"尝起来确实不错，但少了点孜然、龙蒿或胡芦巴"。印度菜或许有这种可能，但更常见的是，人们会觉得菜太咸了、需要挤一点柠檬汁或者加一点醋、少了点甜味、想要多一点脂肪或者苦味淡一些。香草和香料确实在具有无限可能的味道世界里占有一席之地，但只有当你精通了咸味、酸味、甜味、油脂、苦味和鲜味**之后**，它们才会变得不可或缺。香味食材能使食物锦上添花——如果没有它们，许多菜肴就尝不出差别了——但在一个没有经验的人手里，香味食材或许、也经常像潘多拉魔盒一样带来灾难。

关于香味食材的基础知识

香味食材包罗万象，包括橙子、葛缕子、罗勒、红酒，不一而足。广义上，任何能增加或提升菜肴味道的东西都可以被认为是香味食材。葱、蒜、姜（包括黄姜和高良姜）所具有的芳香特质尽人皆知，但这几样重要食材也涵盖了其他章节里谈到的许多味觉和味道元素。洋葱在焦糖化后可以增加菜肴的甜味。如果火太旺，把大蒜烧焦了，则会给菜肴增加不必要的苦味。但在讨论菜肴的平衡时，洋葱和大蒜（尤其是生的或微熟的）凭借其浓郁辛辣的味道抓住人们味蕾的能力是值得注意的。我们将在第九章深入讨论这一话题。本章的重点将主要放在香草和香料上，尽管烤坚果、茶、咖啡和烟是烹饪香味的其他案例。

当我们谈论香草和香料时，我们指的是植物的哪些部分呢？香草是新鲜或干燥的植物叶片，香料则来源于植物的皮、根和种子。禾本科植物也可以用于烹饪，其中最有名的是柠檬香茅。花很美味，也可用于烹饪，藏红花就是一个典型的例子。我们食用的部分其实是藏红花的柱头（想想看，我们费了这么多精力和金钱采摘干燥雌花的生殖器，最后只在食物里放入那么一点点，是不是很神奇？）。用最简单的话来解释：香味食材指的是菜肴中用量相对较少、主要用于增加独特味道或香气的食材。

香味食材的分类

你听说过联觉吧？联觉指的是一种感官刺激无意间引起了另一种感官体验，比如有些人可以"看到"声音的颜色。我并不是说所有主厨都是联觉者，但食品专业人士用"音调"（tone）或"音符"（notes）来讨论食材或味道的情况确实并不少见。当我使用"音调"这个词时，我指的是这种食材在我脑海中的声音高低，以及这种声音的总体特质。当我用孜然烹饪时，我听到了大号或巴松低沉的声音。当我用香菜这种既有泥土味又有柑橘味的香草烹饪时，我觉得它发出的声音就像原声吉他的弹拨声，音调不高也不低。当我把橙子皮加进菜肴时，我听到了乐手敲击三角铁的声音：叮！

低音

隆隆声，深沉的，有泥土气息的，迷人的，温暖的

大号或巴松

肉桂，丁香，孜然，肉豆蔻，姜黄，牛至叶，红椒粉

中音

中性的，富有情调的，高低音杂糅

原声吉他或次中音萨克斯

月桂，小豆蔻，香菜，茴香，迷迭香，百里香

高音

有活力的，酸的，阳光的，高的，清新的

短笛或三角铁

香菜，罗勒，柑橘类水果的果皮，莳萝，柠檬香茅，青柠叶，龙蒿，马郁兰，欧芹，紫苏

　　使用香味食材时，先想一想你究竟想往菜肴里加入什么，以及你希望把菜肴引向哪种调性，会很有帮助。香菜和青柠之所以能与牛油果完美搭配，是因为这样的搭配除了有温和的泥土气息和苦甜相杂的调性外，还有浓郁的蔬菜调性。香菜和青柠的高音点亮并提升了食物的味道。想象一下，把新鲜的牛至叶放进牛油果酱里。感觉不妙，对吗？因为牛至叶的音调太低，它的木香和花香味太重了，无法和牛油果达成平衡。

　　这并不是说罗勒等高音调的香草不能与番茄等明亮的酸味食材成功搭配，而是要考虑整道菜，同时要多多借鉴烹饪传统。牛至叶，一种低音调的香草，它与番茄搭配，可以互相平衡。罗勒是一种有活力的、高音调的、可以将酱汁味道提升到更高层次的香草，但当它与意大利肉酱中的牛肉和基底中的三重鲜味结合在一起时，一切就都得到平衡了。其实没有硬性规定，但如果你知

道一种食材在表上所处的位置，你就能更好地判断加入这种食材是否合适。想象一下，如果你要举办一场晚宴，你应该不想受邀的人都是想要寻求关注的自恋狂吧（希望最多只有一个）。如果你邀请了不止一个自恋狂，那就一定要请足够多的、善于倾听的无私人士在现场平衡气氛，拯救你的晚宴。

用香草烹饪

用香草烹饪的方法取决于你用的是新鲜香草还是干香草。先说新鲜香草。你见过调酒师在把新鲜的薄荷叶加入鸡尾酒里之前会先拍一拍吗？这是为了释放香气，使薄荷叶里的油脂更快也更容易地溶入酒水里。你在用新鲜香草烹饪时也可以这么做。请参见第110页的地瓜汤菜谱，你会发现我建议在把青柠叶加到汤里之前先拍打一下。在制作烹饪时间较短的菜肴时，这是一种可以最大限度发挥香草作用的简单方法，在处理青柠叶、新鲜月桂叶或咖喱叶这类质地较硬，也因而更难释放油脂的香草时，尤其推荐这么做。

制作烹饪时间较长的菜肴时，你可以在开始时就加入新鲜香草，等收尾时再次加入新鲜香草提味。许多菜肴都依靠堆叠香草和香料来慢慢形成味道。例如，文火炖豆子时，早点加入香菜，因为香菜的味道会随着时间的推移而变得柔和，尝起来富有活力及植物调性，但同时会失去一些突出的特色。作为装饰或在最后拌入菜肴的香草却能展现它们清新、突出的那一面。我经常使用这个技巧，尤其是处理欧芹梗和香菜梗时，这部分和叶子一样美味，只不过将其煮软、煮熟所需的时间要稍长一些（详见第123页）。

大多数家庭掌勺人在烹饪时只会用到少量的新鲜香草。除非你是按照本书的菜谱或者擅长运用味道突出的香草和香料烹饪的主厨给出的菜谱做菜，否则请考虑把大多数菜谱里建议的鲜嫩的香草的用量加倍，甚至加到三倍。增加的香草很少会导致菜肴不平衡，反而有可能打造出更新鲜、更有活力、更可口的菜肴。任何只需要少得可怜的一汤匙新鲜欧芹的菜谱都会被我踢到一边。你也该这么做。当然，一般来说，像迷迭香、香薄荷、牛至叶、薰衣草和马郁兰这类木香味更浓的香草本身味道十分强烈，会压过菜肴里的其他味道，所以不宜过量使用。另外，龙蒿的味道也很不错，但只需放一点效果就很好了。不过在使用新鲜的罗勒、香菜、欧芹、百里香、细叶芹、莳萝和薄荷时，大可不必束手束脚，因为这些香草怎么用都不嫌多。

干香草必须以不同的方式处理。最好在刚开始烹饪时就加入干香草，好让粗硬且味道浓缩的干香草重新吸水、软化。如果要用干香草（我在第121~122页"有关干香草的秘密"中推荐了一些值得一试的干香草），最好把它用在需要长时间烹饪的菜肴里。在上菜前才在汤里撒些干香草对提升汤的味道的复杂性几乎没有什么作用，而且很可能会导致口感出问题（又脆又薄，像纸一样……这是什么啊？干草吗？）。

如果你是那种把香菜叫作"魔鬼草"的人，觉得它尝起来像肥皂一样，那该怎么办？什么时候该往菜肴里加这些"肥皂"？科学研究近来发现，这种反应不仅仅是个人的怪癖，还给那些讨厌香菜的人提供了他们讨厌香菜的科学数据。某基因技术公司的遗传学者采集了25000个样本，比对了厌恶香菜者的基因，结果在气味检测基因（包括一种已知的、能识别香菜中肥皂味的基因附近的基因）附近发现了一个点，这表明他们对香菜的厌恶可能来自嗅觉感受器的变异[24]。尽管受基因影响，但研究人员还指出，研究表明，人们对香菜的厌恶只有很小一部分是由基因成分导致的，所以人们仍有办法学着爱上，或至少容忍这种东西。

新鲜香草与干香草的替换

比例	3份新鲜香草可以代替1份干香草
例子	1汤匙新鲜的百里香叶等于1茶匙干百里香

有关干香草的秘密

说实话，我不太喜欢干香草，因为大多数干香草在干燥和储存过程中丢失了许多魅力和味道，不过是新鲜香草的拙劣替代品而已。然而，我这种强硬的立场也确实有例外，因为我发现干香草使用起来很方便。生长在炎热干燥气候中的香草含有能承受缺水环境的香味物质，这类香草包括百里香、迷迭香、牛至叶和月桂叶。这些香草干燥后的叶片要比生长在温带地区的香草更能有效地保存香味。简单比较一下干迷迭香和干欧芹，你就知道哪种能更好地保留味道了。所以放心地使用牛至叶、马郁兰、月桂、百里香、迷迭香、鼠尾草或香薄荷吧，这些香草无论是新鲜的还是干的，都可以使用。

现在，拉把椅子过来，让我们坐下来，敞开心扉地聊一聊干欧芹、干罗勒和干香菜。在这里，我不想说一句废话：这三种干香草简直是垃圾，根本不值得你花钱。如果你不想每次都为了需要的那一小点而买一整把新鲜的，我强烈推荐你用小盆栽种这些香草，这样每次手边都有现成的了。

干燥香草的方法有许多：日晒、用食物烘干机烘烤、烤箱低温烘烤、用微波炉加热、阴干，还有冻干。这些方法中，冻干和微波炉加热的效果较好，因为在这两种干燥过程中丢失的好东西更少。"最根本的一个困境是，"哈罗德·麦吉在他的佳作《食物与厨艺》(*On Food and Cooking*) 一书中写道，"许多有香气的化学物质比水更易挥发，因此当大部分水被蒸发之后，香气其实也快挥发完了。"市面上已经开始出售冻干的香草了，比起用其他方式干燥的香草，我更推荐这一种。

新鲜香草的切法

我永远不会忘记我的导师、詹姆士·比尔德奖获奖主厨杰里·特拉恩菲尔德曾斥责我们这些一线厨师把香草切得太碎了。他会站在我们身后，看着砧板上一团团墨绿色的香草泥，努力保持冷静，然后咬牙切齿地向我们解释，把香草切成一坨黑色烂泥会破坏香草的味道，让香气流失到空气中和砧板上。接着，他会告诉我们为什么需要等到食客将香草吃进嘴里，或等香草融进菜肴里时，才可以释放香草的香气，毕竟菜刀和砧板不是花大价钱来香草农场餐厅品尝大餐（包含10道菜）的食客，而这里又是以餐厅自己种植的新鲜香草做的创意菜而闻名的啊。

当我用多种新鲜香草烹饪时，我喜欢把香草切成大块，这样香草的味道组合就会更复杂。第一口你可能会吃到薄荷和罗勒，第二口可能是罗勒和香菜，第三口则可能会同时吃到这三种香草。

充分利用菜梗

欧芹	可以用欧芹梗制作蔬菜高汤；将欧芹梗与其他蔬菜碎块一起放入密封袋，然后冷冻保存。
香菜	用香菜梗制作拉丁或越南高汤，也可以切碎用在牛油果酱或者塔口饼里。或者用在腌泡汁里，比如第175页的泰式辣烤鸡翅。
两者兼用	用在意式绿莎莎酱（详见第50页）或阿根廷青酱中。 和油一起捣成泥或切碎，然后放进制冰盒里冷冻成块；也可以用来为汤品收尾。

冷冻香草

如果你不知道J. 显尔·洛兹斯－奥特是谁，那你真该去打听打听。他是《料理实验室》一书的作者，也是认真饮食网站的烹饪技术总监，我上网查阅实用的食物科学知识时总会登录这个网站。洛兹斯－奥特测试了各种冷冻香草的方法，最后发现，将切碎的新鲜香草放在油里冷冻（无论是放在制冰盒里还是装进密封袋里平放），能最好地保留香草的味道[25]。不过，请记住，这些冷冻保存的香草在味道和质地上还是比不上新鲜香草。他的实验用的是冷冻了两周的香草。

我自己冷冻剩下的意式青酱和绿莎莎酱时，喜欢在上面洒些油，然后再装到一品脱大小的塑料盒中（记得贴标签！）。如果在6个月内用完，只会流失少许味道。另一种冷冻青酱和其他香草酱的保存方法是，将酱汁平铺在垫了烘焙纸的烤盘上，连烤盘一起冷冻，然后分成你想要的大小（如果酱汁较稠，可以在冷冻前先分成几块，以便于后续取用）。每一份都用冷冻袋独立包装，密封好，尽量排出里面的空气。

以下是其他几个处理用不完的香草的小妙招。

1.可以把用不完的百里香或欧芹放进冷冻袋，留着做高汤。当你发现冰箱保鲜层里还有剩余的百里香，而你又不打算马上用掉时，大胆地放进冷冻层吧。下次做菜时，你可以把胡萝卜皮、胡萝卜头、洋葱芯和西芹根一起放进袋子里，让堆肥继续为你效劳。

2.在奶昔中加入薄荷和欧芹，可以增加食物的活力。

3.其实用不完的香草可以加到任何菜里，特别是沙拉、含谷物的菜肴或烤蔬菜。

包装好的香草泥

我以前试过那种罐装的加工好的香草，只是想看看里面到底是什么。我可以告诉你，那些东西绝对比不上你在自己家里就能轻松做出来并可以冷冻保存的香草。许多加工香草都含有糖和防腐剂，而且价格昂贵。如果你要进行一次长途远航，或者住在一个几乎买不到新鲜香草的地方，那这种东西聊胜于无（或者至少比来自更新世的干香草好）。但我觉得，对任何一个可以抽出三分钟时间来切些罗勒的人来说，都应该拒绝这种包装好的加工香草。

香料

　　如果说香草是强效的，那香料则可以被认为是致命的，我这里说的不是辣椒，而是所有用来给食物增加趣味的种子、果皮、浆果和根茎。香料具有药用和治疗的特性，如果让没有经验的人来用，可能会让菜肴变苦。我要重申一下之前说过的话：如果你注重咸味、酸味、甜味、脂肪味、苦味和鲜味之间的合理调配，即使不用香料，也能让食物变得美味。虽然香料可以让菜肴锦上添花，但更常见的是导致菜肴失衡。举个例子，我永远不会忘记那个晚上，我美丽大方的爱人为我做了一顿晚餐（如前文所述，她不经常下厨），那天她用姜黄和薰衣草给一锅米饭做了最后的装饰。她是一个业余画家，后来她告诉我，是这两种香料的颜色吸引了她。可怕的颜色被泼在这碗饭上，好像在问我敢不敢吃一口。我听她说完她都加了什么东西以后，说："你先吃吧。""啊，我才不吃，"她答道，"这全是为你准备的。"

　　我并不是想把你吓跑，让你不敢用香料，对厨师来说，没有什么比走过香料市场或店铺、被各种菜肴的香味吸引，以及被各种各样的颜色迷住更令人高兴的了。所以，我们还是学些基础知识吧，这样你就能自信地把藏红花、烟熏红椒粉、薰衣草和姜黄拿来用了，但不要一次性全部加入。如果你还没试过第33页的五香胡萝卜沙拉的话，我强烈推荐你做完这道沙拉以后再探索香料世界。

　　我相信你一定听别人说过，完整的香料要比预先磨碎的好，我在这里要告诉你的道理与之一模一样，因为这是真理。香料被压碎或碾碎时，会释放出挥发性的香气，而暴露在光照和氧气中则会进一步挥发它的味道。完整的香料能够保留香料里的精油，直到你准备释放它们为止，所以理想的做法是购买完整的香料。话虽如此，我还是认为预先磨碎的香料确实更方便。如果你买了这种香料，一定要确保用正确的方式储存，这样才能最大限度地留住香味（见第129页），而且一定要从信誉好、库存周转率高的商家那里购买。

你知道吗，研磨小豆蔻时其实不用特意剥壳、挑出里面黑色的小种子，将整个小豆蔻放入香料研磨机中磨碎即可。如果你是跟着菜谱做菜，可以比要求的用量稍微多一些，这样就能弥补味道较淡的小豆蔻壳的部分。你现在是不是很想知道怎样才能找回曾经浪费在剥壳挑籽上的时间？我也一样。

烘烤香料

　　通常选用干燥的平底锅烘烤香料，因为这样可以起到以下几种重要作用。

● 烘烤时发生的化学反应会产生新的化合物，改变香料的味道，使其变得更加复杂，同时会磨去香料粗糙的边缘，让味道更加柔和。例如，生孜然原本微苦的味道会在烘烤后变淡，而其独特的泥土味也会更加柔和深邃。

● 烘烤可以蒸发多余的水分，让香料更酥脆，更容易研磨。

● 烘烤可以杀死所有潜在的细菌"朋友"。当你把香料加入不需要进一步烹饪的菜肴里时，这一点尤其重要。许多出售的香料已经通过放射线照射、巴氏杀菌法或用环氧乙烷气体进行了处理，但并不是全部香料都被杀过菌，而且也很难判断哪些香料可能受到了污染[26]。

如果你要制作混合香料，比如第140页的羊排菜谱里用到的斯里兰卡香料，一定要等香料完全冷却以后再用香料研磨器或研钵和研杵磨碎，以免在研磨过程中过早地释放这种易受损的香味物质。

并不是每次都要烘烤香料。如果香料要裹在牛排表面，就不需要烘烤了，因为在煎或者烤牛排的过程中已经完成了这一步。不过要记住，厨房里的香料在它们这一生中总是要到热锅或热油里走一遭的。已经磨碎的香料就不必烘烤了，因为增加的表面积会流失挥发性的香味，而且在这个过程中，你也很可能会把它烤焦。正如洛兹斯－奥特所说："如果你在烹饪时闻到了香料的香味，但等你把菜端上桌，香味已经**消失**了。"将香料和洋葱或其他食材一起加入烹饪油中，既可以保留香味，又有了吸收味道的媒介。

何时加入香料

在菜肴中加入香料的完美时机并不是固定的，取决于香料的种类、是磨碎的还是完整的、是否被烘烤过。通常的情况是，烹饪时早点加入大部分香料，让香料有时间慢慢形成香味，并变得深邃。话虽如此，如果先烘烤香料再磨碎，或者用一点油煎炒完整的香料，等上菜时撒上一点也很不错，比如撒在墨西哥式煎蛋上的烤香菜和孜然、撒在烤南瓜或胡萝卜上的烤茴香和香菜、烤土豆里用油烤过的孜然和芥末籽，以及在烹饪咖喱菜肴的开头和结尾时加入的印度混合香料（garam masala）。

　　某些香料从罐子里拿出来可以直接撒在食物上，不需要烘烤就已经很完美了。盐肤木就是一个绝好的例子。这是一种从无毒盐肤木浆果中提取出来的香料，有柠檬的酸味及温和的泥土味。我会把这种香料大量撒在用罗马生菜、菲达干酪和烤皮塔饼做的黎巴嫩沙拉（fattoush）上，也会撒在中东茄泥酱和鹰嘴豆泥上。

去何处购买香料

● 香料专卖店。西雅图的读者有幸拥有世界香料（World Spice）这种店铺。也许你附近也有类似的地方。

● 从有好口碑的线上香料店网购，比如世界香料、彭泽斯（Penzeys）、香料商（the Spice Trader）或者卡卢斯蒂安香料店（Kalustyan's）。

● 去当地有香料专区、库存流转率高的超市或特产杂货店，最好购买散装的香料。

绝对不要买这种香料

● 特价超市里清仓甩卖的大罐装香料。为何呢？因为这种香料说不定是从谁家回收的。我开玩笑的，不过这种香料确实有可能已经放很久了。有些小便宜就是不能贪，没有人会吹嘘自己用极低的价格买到了香料或避孕套吧？

香料的最佳储存地

● 装进密封良好的玻璃容器里冷冻保存，可以保"鲜"几年，但再次使用时可能需要稍微烘烤一下，蒸发掉残留的冷凝水。

香料的次佳（也更实际的）储存地

● 装进密封良好的不透明罐子，放在阴凉、避光的地方。尽量购买少量的香料，这样你就可以不断补充最新鲜的香料了。

香草和香料的替换

还记得我之前说的吗，你需要知道一种食材所处的位置，这样才能更好地掌握加入这种食材的方式。了解食材还有助于你成功地找到可替换的食材。所以，与其问自己该用什么食材来替换青柠叶，不如利用在书中学到的知识，想一想青柠叶所处的位置。在这里，我先做个示范。青柠叶是一种香草，可以用来给菜肴增加花香和青柠的味道，它既不苦也不酸。青柠汁会带来一些青柠的味道，但会增加酸度，导致菜肴失衡。而青柠皮，如果小心地去除了白丝，就不会发苦，并且还含有可爱的香味精油。妙极了。

再多试几个例子：假设一道菜里用到了紫苏叶，这是我最喜欢的香草之一。这种香草也被称为日本薄荷，味道非常独特，但等你真正认识它之后，就会发现它的味道会让人想起薄荷和泰国罗勒，另外还带有一丝香菜味和一点点辣味。这些香草都不能完美取代紫苏叶，不过各用一点的话，倒是能达到近似的味道。

再设想另一个例子：你奶奶的番茄酱菜谱要用到茴香籽，你站在附近超市的香料专区，推着婴儿车的某位爸爸碾过你的脚，并抢走了散装容器里的最后一勺茴香籽。你只能从柜台上抓起一颗被遗漏的茴香籽，尝尝味道，然后决定用什么替代它比较好。替换成甘草确实不错。不过八角和八角籽也不错。嗯……只用其中一种行吗？不过茴香籽还有点甜味。你可以加一颗八角和一点蜂蜜，这样既可以增加甜味，又能抵消八角有时带来的轻微苦味。

最后一个例子：有一份菜谱要用到烟熏红椒粉，而你没有。你认为可以用什么来代替？先想一想再往下读。烟熏红椒粉是一种苦甜参半、味道相当温和的辣椒粉，带有独特的烟熏味。我会用普通辣椒粉加一点烟熏盐（稍微减少菜谱中盐的用量）或安秋辣椒粉（温和且带有微微的烟熏味）来代替。如果既没有烟熏盐也没有安秋辣椒粉，那怎么办呢？试着在普通辣椒粉里加一小撮奇波雷烟熏辣椒粉（辣味和烟熏味更浓）。你现在大概明白该怎么替换香草和香料了吧？

好吧，如果你就是不知道某种食材尝起来味道如何，那该怎么办呢？从某些方面来看，这的确是个好问题，因为这意味着你可以学到有趣的新知识了。快速谷歌一下就能知道某种香草或香料的基本味道构成，帮你缩小替代品的范围。

迷人的月桂叶

这么多年来，我的朋友伊恩一直不知道往菜肴里加入月桂叶究竟有什么用，所以我建议他用香料研磨器把一片月桂叶和一汤匙糖一起研磨成粉，然后尝一尝味道，这样他就会知道月桂叶究竟做了什么贡献。我这里所说的月桂叶是月桂（Laurus nobilis）的叶子，而不是有些商店里卖的加州月桂（Umbellularia）。前者是一种讨喜的、带点甜辣味和花香味、类似薄荷脑但作用被大大低估的香草。我做甜点和美味的菜肴时都会用到。而加州月桂是一种完全不同的东西：叶子更长、更尖，光泽更暗，有一股难闻的煤油味。市面上的第一种月桂叶通常是干的，而难闻的加州月桂叶则大多是新鲜的。

我为伊恩解惑的方法适用于任何香草或香料。如果你也不知道某种香味食材对菜肴有什么贡献，又不想单独吃一口试试味道，可以加点糖（如果你喜欢的话，也可以加盐），在香料研磨器里一起碾碎后再尝，你就会知道多出来的味道是什么了（不过，请记住，这种味道在烹饪过程中会变淡）。自己试试看吧！我建议你试试这几种：八角、咖喱叶、杜松子、胡芦巴和小豆蔻。

香草和香料的更换

我相信你一定听说过，每6个月就要更换一次干香草和干香料。可能还有人告诉你每年更换一次就够了。不管怎样，我不喜欢说些非黑即白的规矩（除了绝对不该买干欧芹、干香菜和干罗勒之外，对这一条，我是非常认真的）。所以，我的建议是视情况而定。不妨先闻一闻。味道闻起来像灰尘吗？还是像干草？或者什么也没闻到？揉一揉再闻。是不是还有之前那种刺激、新鲜的香味？如果还有香味的话，就留下吧。不过我有个更好的建议。下次看到菜谱上要求你用平时不常用的香草或香料时，请精确测量所需用量，写在购物清单上。然后拿上你的量勺，到附近有散装香料专区的市场，量出所需的量，装进袋子或自备的容器里。当你做菜的时候，只需要将其全部倒进去就可以了。这种方法既高效又简单，还能用到最新鲜的香草和香料。如果是常用的香草和香料，可以多买一些，但如果可能的话，请到库存周转比较快的地方少量购买散装的。

充分提取香味食材的味道

花草茶很受欢迎，但清水并不是展现香草和香料特性的最佳物质（准确地说，应该是"溶剂"），脂肪才是最好的选择，但猪油花草茶实在没有什么吸引力。酒（尤其是烈性酒）次之。所以那些泡了柑橘类水果的伏特加以及加了罗勒、茴香的杜松子酒不仅仅是菜单上的营销噱头。

实际上，做菜时，你也需要让香料和香草接触到脂肪。这应该不难，因为大多数菜肴烹饪一开始都会用一点油。用酒收汁也有助于释放香味食材中的醇溶性分子。

香料研磨器

优点：简单，方便，香料粉的质地均匀。

缺点：机器可能会坏；如果使用时间太长，机器产生的热量可能会加热香料（导致释放挥发性的香味）；清理机器比较费力（我建议往里面撒些犹太盐，通过研磨盐粒来清洗机器）。

推荐品牌：克鲁普斯牌（Krups）F203型号3盎司装电动香料及咖

啡豆研磨机。

研钵和研杵

优点：你会感觉自己像个大力士，用一根研杵就能碾碎香料；香料不容易受热；容易清理。

缺点：费力，香料粉的质地不均匀。

推荐品牌：瓦斯科尼亚牌（Vasconia）4杯装花岗岩研钵。

如何拯救一道过香的菜肴

假设你喜欢鼠尾草，但在煮锅底酱时不小心下手重了，放多了。还有10分钟就是晚餐时间了，你打算怎么办？让我问问你，你觉得加多了鼠尾草，最糟糕的后果是什么？如果你觉得会发苦，那么你已经知道加一点咸味或甜味就能压制苦味了。如果你觉得坏事的是鼠尾草的整体味道，那么你有以下几种选择（这里列出了推荐尝试的顺序）。

1. 通过添加脂肪来包裹舌头，从而使味道变淡。可以多加些黄油或一点奶油。
2. 通过增加其他食材来加量或稀释。
3. 通过添加另一种互补的香草（比如在这个案例中可以加入百里香）来分散食客的注意力，把注意力转移到不同的味道上。

按比例增加香草和香料

如果你要做一大份菜，需要用到香草或者香料，抑或两者兼有，你会完全按比例增加这些香味食材吗？就像直接按比例增加鸡肉的用量那样？我就这一问题请教过著有多本印度菜烹饪书的作者拉加万·利耶尔（Raghavan Iyer），他认为香草和香料的用量应该完全按比例增加，并说："为了保持（原始配方的）平衡，你必须保证味道的比例也是一模一样的。"但是我问过的家庭掌勺人都说他们按这种方法烹饪大份菜肴时经历了各种灾难，比如孜然变得横行霸道、迷迭香变得狂野不羁、丁香简直要把舌头烧出洞来，等等。

以下是我的看法：如果你参考的是信息来源可靠、经过验证的菜谱，那就按比例增加其要求的香草和香料来保持菜肴的平衡，并使其达到菜谱作者所预期的味道要求。尤其是像印度咖喱这样的东西，香料的平衡就算不是印度菜的支柱，也是整道菜的核心。

但如果是炖肉这类菜肴呢？最初的菜谱要求将含有迷迭香和辣椒的酱料涂抹在肉块表面。假设你可以接受迷迭香，但不是特别喜欢这种味道，而你又打算做菜谱四倍量那么多的炖肉。增加的肉块表面积与增加的香料用量并不成正比。所以当你把四倍量的迷迭香和辣椒涂抹在肉块表面时，香料涂层会变得非常非常厚。当你咬上一口炖肉的这层"外皮"时，你会尝到更浓的迷迭香味和辣味。所以在决定增加香料的用量前，你必须得先考虑你要做的究竟是什么菜。

拉加万根据自己在商业食谱方面的经验，建议我们在增加诸如辣椒和胡椒等带有辣味的食材时，只需要按比例增加50%~60%即可，而盐只需按比例增加75%左右。辣度和咸度不够时还可以再加，但如果加多了，可就不好调整回去了。我在这里的附加建议是，如果某种食材稍微放一点，你可以接受，但并不是特别喜欢的话，就不要多加了。就我个人而言，在加大菜量时，我会远离丁香这类使人嘴麻的食材。之后不够的话，总能往里再加一些，虽然这让香料慢慢软化的时间变短了，并且可能会导致菜肴的味道稍有不同，但也不值得在烹饪一开始就赌一把。

你问还有其他更好的建议吗？如果你之前没有试过跟着某份菜谱做菜，或者没有品尝过按这份菜谱做出的成品，就不要直接按比例增加菜谱中各种食材的用量。

烟熏

我很喜欢烟熏的食材。理想情况下，烟熏味应该来自烟熏炉或烤架中的木头，但对许多家庭掌勺人来说，这不是每天都有机会的，甚至一个月也轮不上一次。无法去户外时，我会通过几种不同的方式来获得烟熏味。烟熏盐是一种很棒的配料，我经常使用它，它可以把户外的香味注入我的菜肴中。我也会轮流使用烟熏红椒粉和奇波雷烟熏辣椒粉。用培根做菜则是用烟作为香料的一种间接形式。对素食者而言，一小撮磨碎的正山小种会是你们的最佳新朋友。我用这种茶叶来炒洋葱，可以给菜肴带来一种类似培根的味道。

不是只有木头燃烧的烟才能产生美妙的香味。现在说起这个，我还有点尴尬，因为这明显有一点表演成分，不过以前我也干过类似的事，即利用干冰将甜豌豆汤的薄荷香味送入食客的鼻腔。我还和我的主厨朋友达娜·克里（Dana Cree）一起发明了另一个版本，我们用浓郁的肉桂茶来做苹果黄油烤欧芹汤。

柑橘类果皮

如果你见过调酒师往酒里刨橙皮丝，你会发现他们总是直接在酒水上方这么做，从不会在砧板上切丝，或者至少优秀的调酒师从不会用砧板。在给柑橘类果皮刨丝时，挥发性的香味物质会以精油的形式释放出来。如果在砧板上切丝，那么好闻的、好吃的就是砧板的木头了。为了获得最佳味道，请直接在菜肴上方刨丝，并按照以下原则目测所需用量：一颗中等大小的柠檬能刨出大约1汤匙果皮。如果只需要1茶匙果皮，该怎么办呢？刨1/3颗柠檬的皮就够了。一颗青柠能刨出差不多1汤匙果皮，一个普通大小的橙子差不多是2汤匙。为了留住容易消散的香味以及有活力的清新感，建议在烹饪后期再加入这些果皮。

香味食材的搭配

最重要的是，如果你是一个烹饪新手，或者不确定应该如何搭配味道，那么就要充分借鉴各国菜肴的智慧，因为历史上已有数不清的厨师早就摸透了什么食材与什么食材在什么时候搭配最合适。单就这一主题就有许多相关书籍，与其提供一些零碎的信息，不如向你介绍几本关于食材与味道组合的绝佳参考书。例如，凯伦·佩奇（Karen Page）和安德鲁·唐纳伯格（Andrew Dornenburg）的《风味圣经》（*The Flavor Bible*）就是一个很好的资料来源。你也可以浏览FoodPairing.com，这是一个运用科学知识来建议你如何搭配食材的网站。

香味食材与剩菜

隔夜菜更好吃，是真的吗？这要视情况而定。没有使用香味食材的简单菜肴（比如奶酪通心粉）的味道尝起来可能前后差不多，但是一道加了层层香草和香料的炖肉确实隔夜后更好吃。炖肉刚做好时尝起来也确实不错，但味觉敏锐的人会发现，里面的每种味道都稍显突出，且相互之间存在隔阂。香味食材和其他食材混合烹煮时会经历一系列反应，当菜肴被静置冷却又被重新加热时，这些香味食材的味道会变得更加醇厚。第二天，菜肴的味道提升了，变得更有凝聚力，也更复杂饱满了。你知道还有什么因素能使隔夜菜更美味吗？只需重新加热一遍就行。

实验时间

教学内容：学会辨别香草和香料的音调类别。

所需的香草和香料（确保它们是新鲜的）如下：

● 小豆蔻荚（请朋友帮忙稍微压碎）

● 新鲜薄荷（用手掌稍微轻拍几下）

- 肉桂粉

- 孜然粒

- 香菜籽（稍稍压碎）

- 烟熏红椒粉

- 新鲜香菜叶（用手掌稍微轻拍几下）

- 新鲜或干的橙子皮

方法：请朋友蒙住你的眼睛。一定要找值得信任的朋友哦。请朋友把香料或香草放在你的鼻子下方。首先，试着猜猜你闻到的是什么。如果错得离谱也不要灰心。因为这比你想的要困难得多，就算一开始就知道选择范围还是很难猜。接着，不管你有没有猜出究竟是哪种香草或香料，都请朋友按你的想法把这些食材归为三类。左边是低音区（泥土味、烟熏味、恶臭味），中间是中音区（中性的、略低、略高），右边是高音区（有活力、轻盈、柑橘味、朝气）。

结论：即使你不知道自己闻的是什么，我敢打赌，大部分的音调你都猜对了。

贝蒂有话说：低音（肉桂、孜然、烟熏红椒粉）；中音（小豆蔻、香菜籽）；高音（薄荷、香菜叶、橙子皮）。

实验时间

教学内容：烘烤后的香料的味道会发生什么变化。

所需材料：1茶匙茴香籽、1茶匙香菜籽。

方法：闻一闻并尝一尝茴香籽，写下你对它的香味和味道的看法。接着，在干炒锅中加入1茶匙茴香籽，用中火炒至散发出香味且表面微焦。将它们倒进盘子中，立刻闻一闻。再次写下你对它的香味的看法。现在再尝尝看。味道发生了什么变化？

　　贝蒂有话说：生茴香籽有股淡淡的甘草味，味道苦中带甜，而且有甘草的调性。烤茴香籽闻起来有奶油糖果和淡淡的甘草味，味道和生茴香籽相比，苦味轻，甜味重，但仍有甘草味。

　　现在用香菜籽做同样的实验。烤前和烤后的香味和味道有什么不同？

　　贝蒂有话说：生香菜籽有股淡淡的柑橘味，味道尝起来有泥土味、香菜味、花香味和薰衣草味。烤香菜籽的味道尝起来有坚果味、淡淡的花香味和柑橘味，很像花生糖和爆米花。

斯里兰卡香料羊排佐椰奶酱（4人份）

美妙的三分熟羊排表面包裹着一层香料，浮在顺滑可口的椰奶酱上，还装饰着酥脆的咖喱叶（它即将成为你最爱的香草）。这道菜可以配米饭和一点腌杧果（详见第142页）一起食用。其中包含了多种香味：羊排上的香料味、香浓的椰奶味，以及油炸香草配菜的坚果味和香辣味。如果你搭配腌杧果一起上菜，就相当于上了一堂有关香料烹饪的多样性和趣味性的速成课。

- 2个干的迪阿波辣椒（chile de árbol）
- 1根肉桂棒
- 1/4杯香菜籽
- 2汤匙孜然粒
- 1汤匙细海盐，多准备一些用来调味
- 1茶匙生米
- 1茶匙棕色的芥末籽
- 1茶匙茴香籽
- 1茶匙绿色的小豆蔻荚

- 3颗完整的丁香
- 1½杯新鲜（或冷冻）的咖喱叶（亚洲超市有售），分成两份
- 2汤匙耐高温的油，比如牛油果油，分成两份
- 1罐（约400毫升）无糖椰奶
- 1汤匙鲜榨柠檬汁
- 1茶匙鱼露
- 1扇法式羊排
- 1/2茶匙胡芦巴籽

1. 预热烤箱至177 ℃。

2. 戴着手套将辣椒和肉桂瓣成小块，然后将它们和香菜、孜然、海盐、生米、芥末籽、茴香籽、小豆蔻、胡芦巴、丁香和1/2杯咖喱叶一起放入香料研磨器中磨碎，涂抹在羊排上。你可能需要分两批磨粉。

3. 将1汤匙油倒入可放入烤箱的煎锅（最好是铸铁锅）中，用中高火加热。开始煎羊排，中间需翻动几次，直到香料变成褐色，

注意不要把香料炒焦了。把煎锅移入烤箱，烤至羊排内部达到52~57 ℃，差不多三分熟。待羊排达到所需温度后，把它从煎锅中转移到一个干净的托盘或浅盘里，用铝箔纸轻轻盖住，静置15分钟。

4. 与此同时，将剩下的1汤匙油倒入刚才的煎锅中，用中高火加热。加入剩下的1杯咖喱叶，在油中搅拌至酥脆后放在厨房纸上吸油，然后撒上少许海盐。向锅（不用擦拭）中倒入椰奶和羊排静置时流到盘子里的汤汁。用文火慢煮，煮至汤汁减少1/3，大约需要7分钟。加入柠檬汁和鱼露。尝一尝酱汁的味道，如有需要，可以再加点盐或柠檬汁。上菜时，在碗里倒些汤汁，给羊排淋上椰奶酱。最后将油炸的咖喱叶摆在羊排上作为点缀。

腌杧果（6人份）

　　我之前为我的朋友坦梅特·塞西改造了这道快手腌菜。我的灵感来自印度菜和以前吃过的类似腌菜。我当时有点紧张她会作何反应。虽然她能接受，但还是小心翼翼地说："如果你想做出更地道的印度风味，还是把香料加倍吧。""所有香料都加倍？"我倒吸了一口气，脸吓得不能更白了。我照做了，从此就一发不可收拾。因为与之前相比，效果不止好了两倍。这道腌杧果可以搭配斯里兰卡香料羊排（见第140页）一起食用，也可以搭配墨西哥鱼肉卷饼。

- ●2杯去皮的半熟杧果，切成条
- ●1汤匙犹太盐
- ●3汤匙椰子油
- ●2汤匙茴香籽，稍稍碾碎
- ●2汤匙孜然粒，稍稍碾碎
- ●2茶匙棕芥末籽
- ●2茶匙姜黄粉
- ●2茶匙红椒片

1. 先用盐将杧果搓揉一下，然后放在沥水篮里静置30分钟。之后稍微冲洗一下杧果，放在沥水篮里沥干。

2. 与此同时，在大煎锅中用中火加热椰子油约20秒。倒入所有香料，翻炒至颗粒爆开，释放出香气，大约需要1分钟。把香料油和杧果混合均匀。可以立即食用，也可以放入冰箱冷藏保存。注意，请在一周内吃完。

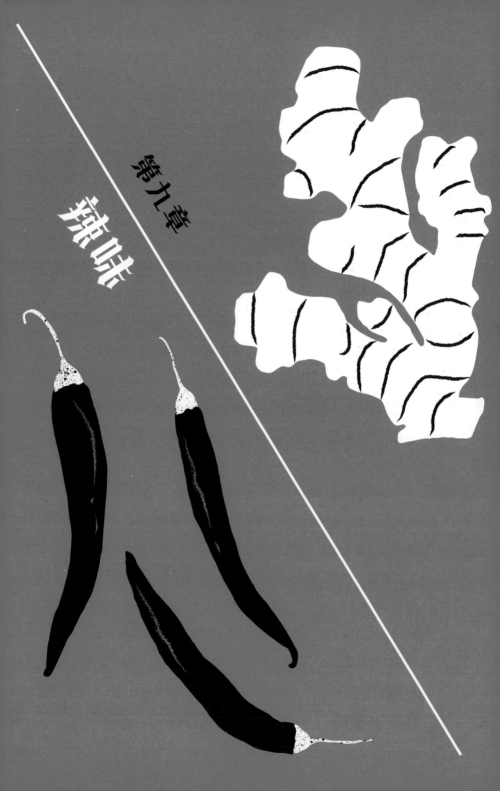

第九章

辣味

你可能不认为自己是受虐狂，但如果你喜欢嘴巴和鼻腔被辣椒、大蒜、辣根和类似食材袭击的那种感觉，那你其实完全符合本书对受虐狂的定义（除了捆绑）。受虐狂可以被定义为"喜欢受罪"，如果你是那种即使被辣到满头大汗、口水直流，还要吃下十倍辣的辣翅或川菜的人，那你就是一个喜欢找罪受的人。例如，你在吃辣椒这类东西时感受到的痛苦本身并不是一种味道，更像是被人在脸上招呼了一拳的感觉。

这种火辣的感觉，或者更确切地说是辛辣感，源于两类不同的化学物质。其中一类是芥菜类蔬菜及其近缘植物（包括芥末和辣根）中的硫氰酸酯，这种化学物质重量轻、体积小，在切割或磨碎上述辛辣食材时，这类化学物质便会迅速逸出。这就是为什么芥末和辣根会直冲鼻腔，并在到达鼻腔后，给鼻腔造成痛苦和伤害。另一类化学物质是烷基酰胺，存在于辣椒、生姜、胡椒和花椒中，这种物质较重，不会直冲你的鼻腔而去，但会停留在舌头上并折磨你。

当你吃到特别辣的食物，辣得汗水、眼泪齐流时，你的身体究竟在经历什么？吃辣时，你的三叉神经（也就是连接舌头、鼻腔和大脑的直达列车）会识别你做了什么，进入高度戒备状态。于是痛感就来了，而火辣的灼热感则会让你的身体试图降温（出汗）。刺激三叉神经的化合物有辣椒素（辣椒）、姜辣素（姜）、胡椒碱（黑胡椒）及异硫氰酸烯丙酯（辣根）。三叉神经还负责感知温度和触觉。在受到辣味攻击时，你身体的其他部位（如鼻腔、指甲内部和眼睛表面）也会产生和舌头类似的反应。这种反应被称为**"化学体觉"**（chemesthesis）。这是一个花哨的说法，意思其实就是"老天啊，要爆炸了"，于是"指挥中心"对身体下达命令："**统统释放！** 释放眼泪、汗液、鼻涕和口水！"

约翰·B. 皮尔斯实验室（John B. Pierce Laboratory）的巴里·格林博士（Dr. Barry Green）在《科学美国人》杂志上解释说，辣椒素还会"刺激那些只对小幅升温（适度的暖意）有反应的神经"。因此，辣椒素会向大脑发送两条信息，即"我是一种强烈的刺激"，以及"我是热的"。这就解释了为什么你吃的是从冰箱里拿出来的冰辣椒，但入嘴后却感觉它在发热。三叉神经和化学体觉也会对薄荷醇（会刺激感知低温的神经）所造成的麻木感和冷却感产生反应。花椒其实与胡椒完全无关，而与柑橘类植物有关，它会刺痛你的唇舌，如果大量食用，还会使味觉麻木。丁香也会产生类似的麻木感，这就是为什么从中世纪起，丁香油就被用来治疗牙痛。

我们吃辣味食材造成的影响通常让人感到迷糊（比如感觉辣椒是热的，但其实不然）、稍有不适（比如舌头发麻，试试那种叫金纽扣的花你就明白了），或者真的感觉很痛（有没有人不小心把辣椒油弄到眼睛里过？）。所以，我们为什么还要一而再再而三地吃辣呢？这里头有什么玄机？简单来说，辣味会使我们的食物尝起来更令人兴奋。寻求刺激的人尤其喜欢体验这种极端的食物反应。不过，这种建立在痛苦之上的快乐的背后也有一些科学依据。两个关键词，内啡肽和多巴胺，又名大脑的快乐之源。内啡肽有阻断神经不断发送疼痛信号的能力；多巴胺则让我们感到十分愉悦。此外，有些人的痛感会比其他人更敏锐。宽容味觉者更有可能喜欢吃辣，而要想找到把吃辣当作一种娱乐的敏感味觉者就不太容易了。你可以训练自己对辣椒的耐受力，就像多吃苦味食物也能提升对某些苦味食材的容忍度一样。文化与同伴的压力，以及往辣味食物里加一点糖——就像墨西哥人的辣椒棒棒糖（超级好吃！）那样——都可以让你更容易接受辣味。

无论你用的是辣椒还是让人嘴麻的丁香，用辣味食材烹饪的诀窍就是让它们为菜肴增添味道，刺激味蕾，但不能过头，也不能造成实际的疼痛，除非你就爱这种感受（这里没有批判的意思）。用音乐来打个比方，如果一首曲子太大声了，你可能就会听不下去，觉得难以忍受，根本无法听出歌词或者曲调的微妙之处。因此，这时候获得的感受自然十分有限，而且还可能让人感到痛苦。食物也是同样的道理。我再重申一次，平衡就是一切。当你能用辣味食材给别人带来乐趣，而品尝者**也能**欣赏这道菜时，你就是个行家了。

辣椒

无论是最辣的辣椒给喉咙带来的全方位的猛攻，还是大多数温和的辣椒带来的淡淡的果味刺激，世界各地的厨师和食客想要为食物增添点热度、使其能抓住味蕾时，都会选用辣椒。黑胡椒曾经扮演过这个角色，但后来辣椒把它比下去了，现在黑胡椒已沦为老派的辣味食材。辣椒才是王者。

斯科维尔辣度指数和辣椒辣度分类

我们应该感谢威尔伯·斯科维尔（Wilbur Scoville），或者按我喜欢的方式，称他为"热裤"，因为他在1912年发明了这套标准，让我们对辣椒的辣度有了基本认识。平心而论，这套标准并不完全准确，因为它基于受试者个人对辣椒素的敏感度，这是因人而异的。其他的标准更为准确，比如高效液相色谱。这种浮夸的方法可以精确测量出受测辣椒中造成辣椒辣味的生物碱的含量是百万分之几。从厨师的角度来看，最好按照以下分类来看待辣椒：

1. 甜的（甜椒、西班牙甜椒）

2. 温和（日式小青椒、阿纳海姆辣椒、波布拉诺辣椒、红椒粉）

3. 中辣－温和（哈拉贝纽辣椒、帕德隆辣椒）

4. 中辣－中性（哈拉贝纽辣椒、新墨西哥辣椒/哈奇辣椒、瓜希柳辣椒/米拉索尔辣椒）

5. 中辣（哈拉贝纽辣椒、塞拉诺辣椒）

6. 辣（迪阿波辣椒、卡宴辣椒、泰国鸟眼椒）

7. 超辣（哈瓦那辣椒、苏格兰斯科奇·伯纳特辣椒）

8. 比 *%#&@ 还辣，你是疯了吗？（印度鬼椒、特立尼达莫鲁加蝎子椒、卡罗来纳死神辣椒）

9. 胡椒喷雾剂

10. 纯辣椒素

11. 死亡

辣椒味道分类

如果菜谱中用到了某种辣椒，而你没有现成的，需要一个替代品，就可以在相同味道类别中选一种，并检查你想要用的辣椒的辣度（如果要用的辣椒比较辣，用量可能就要少一些）。我在下方列出了几种我最喜欢的辣椒，按辣度由高到低、从左到右排列。

- 水果味：瓜希柳辣椒、秘鲁黄辣椒、泰国鸟眼椒、哈瓦那辣椒。
- 烟熏味：安秋辣椒（烟熏的波布拉诺辣椒）、奇波雷烟熏辣椒（烟熏的哈拉贝纽辣椒）。
- 蔬菜味/草本味：波布拉诺辣椒、阿纳海姆辣椒、帕德隆辣椒、日式小青椒、哈拉贝纽辣椒、塞拉诺辣椒。

你可能已经注意到了，三个辣度类别里都出现了哈拉贝纽辣椒。这是为什么呢？正如一份种子目录广告中所宣传的那样，哈拉贝纽辣椒的斯科维尔辣度指数从1000到15000和20000不等，这取决于不同的栽培种子。聪明的读者大概已经猜到我会把哈拉贝纽辣椒归为哪一类了，是的，这种辣椒当属垃圾食材。真可惜，因为我还挺喜欢这种辣椒的。不过比起喜欢这种辣椒本身，我更喜欢它传递的理念：味道带有一股青草味，富有活力，辣度明显但又相当温和。不过这样的哈拉贝纽辣椒在市面上已经很难寻觅了。"小伙子，那位超市售货员，麻烦告诉我，这是哪个品种的哈拉贝纽辣椒，这样我才能知道它有多辣。"你看到问题出在哪儿了吧。一些人指出，商业化生产的味道温和的、冷冻的哈拉贝纽辣椒芝士爆浆卷（jalapeño popper）太受欢迎了，已经渗透到之前由更辣的栽培种子称霸的市场。不过我没有找到可信的来源来支持这则有关辣椒的八卦。不管怎样，哈拉贝纽辣椒的声誉已经受到了玷污。受人尊敬的美食作家南希·莱森（Nancy Leson）在家里

称它为 "haole pepper"（白人辣椒），因为这种辣椒非常温和，而记者马克·拉米雷斯（Marc Ramirez）则称它为 "haolepeños"（白人贝纽辣椒）。如果菜谱用到了哈拉贝纽辣椒，我会按照1:1的比例用塞拉诺辣椒代替，这种辣椒较小，辣度比较一致。

> **趣味科普** 卡罗来纳死神辣椒是世界上最辣的辣椒之一，斯科维尔辣度指数大约为150万，由普克巴特辣椒公司（PuckerButt Pepper Company）栽培。

用鲜辣椒和干辣椒烹饪

新鲜的辣椒很容易处理：只要洗净切开（戴上手套！），即可一起烹饪或拌入绿莎莎酱和沙拉中。把整个辣椒放在火上、烤箱里、烤架上或者平底锅中烤，还可以得到额外的味道。烤制的过程能在基本味道之上增添一种复杂的烧烤味。

干辣椒的味道妙不可言，而且用起来也超级方便，正因如此，每次我需要辣味时通常都会选用干辣椒。辣椒的干燥过程浓缩了风味化合物，使干辣椒散发出水果干般的香味。如果干燥过程中使用了烟，还会多一层香味。

为了充分获取干辣椒的味道，请先用下列任意方法烘烤。

1. 如果只用到一点辣椒：将其放入干燥的锅里用中高火加热，不断翻炒，大概3~4分钟，或者直到辣椒膨胀、变软、散发出香气。

2. 如果用到很多辣椒：烤箱预热至176 ℃，将辣椒平铺在烤盘上烘烤，不时翻动几下，大约需要10分钟，或者直到辣椒膨胀、变软、散发出香气。

3. 放进微波炉：将辣椒铺在盘中，高火加热，每次15秒，分两次进行，共30秒，或者直到辣椒变软、散发出香气。

清理辣椒

我发现，烤过的干辣椒更容易清理，因为辣椒会稍稍膨胀，更容易去蒂。摇晃辣椒可以去籽，如果不想太辣，可以把膜也撕掉（戴上手套！）。干辣椒洗净后，就可以泡发了；放入热水中浸泡10~15分钟即可。制作辣椒膏、调味汁、墨西哥巧克力辣沙司和辣酱时会用到辣椒和泡辣椒的水。辣椒也可以切块放入炖菜或汤中，或者研磨成粉。烤过的新鲜辣椒可以切碎直接用，也可以去掉膜和籽，以降低辣度。

整个辣椒与辣椒粉的替换比例

如果菜谱上说需要泡发的整个干辣椒，而你手头只有新鲜的辣椒，可以按1∶1的比例替换，不过这会损失一点干燥过程中所产生的更深层、更复杂的味道，尤其当菜谱上说需要的是烟熏辣椒时（在这种情况下，你当然可以把新鲜的辣椒先烤一下）。警告：这不是完美的科学解决方案，因为辣椒的辣度各不相同（见第148页有关哈拉贝纽辣椒的讨论）。在使用辣度高的辣椒时，要不断试味道，加一点就尝一口，不够就再加一点。

- 整个干辣椒或大鲜辣椒可用1汤匙冒尖的干辣椒粉替代。举例：1个干安秋辣椒可以代替1汤匙冒尖的安秋辣椒粉。
- 中等大小的干辣椒或鲜辣椒可用2茶匙干辣椒粉替代。举例：1个干奇波雷烟熏辣椒可以代替2茶匙奇波雷烟熏辣椒粉。

●整个干辣椒或小鲜辣椒可用1/2茶匙干辣椒粉替代。举例：1个干卡宴辣椒可以代替1/2茶匙卡宴辣椒粉。

留住味道，减弱痛感

增加辣度要比降低辣度容易得多。如果你是在为一群口味各异的食客（有吃辣勇士、吃辣废物，还有介于这两者之间的人）做饭，只要在桌上放一些小碗装的红辣椒片或者切碎的新鲜辣椒即可。如果你想做汤、咖喱或辣酱，并希望整道菜都充满辣椒的味道，可以事先取出一小部分，然后用小锅单独煮给那些不吃辣的朋友。

如果你希望菜肴里有辣椒的味道，但又不想吃起来太辣，我有几个秘诀。

1. 去掉辣椒的膜（筋脉，也就是辣椒内部固定辣椒籽的白色部分）。记住，膜是辣椒最辣的部分，因此当遇上家附近的酒吧举行冷知识竞赛之夜或者家里的伯伯告诉你辣椒籽最辣的时候，这个知识就派上用场了。不过伯伯的观点不完全是错的，因为辣椒素会进入辣椒籽和辣椒的内壁，但这是因为离得近而已，而不是因为辣椒籽本身是辣味的源头。为了尽可能降低辣度，也可以去掉含有辣椒素的辣椒籽。顺便说一句，辣椒的膜会给菜肴带来苦味，所以去掉它们也可以降低苦味。

2. 在菜肴快出锅时再加入红辣椒片或辣椒粉来快速提升辣度，而不是一开始就倒入辣椒，因为这会让辣椒素渗透整道菜。

3. 在汤、酱料和炖菜中放入完整的辣椒，千万不要切开，以免膜与汤汁接触。有时我会把切了一条缝的新鲜辣椒放入薄纱棉布袋里；边烹饪边试味道，这样就可以更好地把控辣度，在达到理想的辣度和味道后，再把纱布袋取出来。示例请见第110页的地瓜汤菜谱。

　　如果你失策了，在汤、炖菜或炒菜里放了太多的辣椒，导致菜辣得像**要烧起来了一样**，而来用餐的客人还有20分钟就到了，深呼吸，尽量不要惊慌。下面是几种可行的解决方案，按优先顺序排列。

1. 乳制品，特别是哺乳动物奶中的酪蛋白（豆浆和坚果奶的效果不太好）会与辣椒素结合，将其带离舌面，缓解痛感，舒缓味蕾。如果乳制品与这道菜不冲突的话，试试加入奶油或更多的奶酪。在菜肴里加些酸奶油或酸奶。如果都行不通的话，就在桌上放一些牛奶吧。热辣的印度咖喱旁边摆着冰凉的印度酸奶酱（raita，加了冰薄荷与黄瓜的酸奶）不是没有道理的。

2. 辣椒素是脂溶性的，所以在菜中加入橄榄油或其他油脂也可以起点作用。如果你不想添加乳制品，这一点尤其值得记住。有些人深信，加坚果酱也可以降低辣度（倒也在理）。

3. 增加甜味也能分散味蕾的注意力，使其忽略仿佛一千个太阳产生的火辣感。蜂蜜、糖、果汁等，你手边的任何甜味物质都可以用。你会发现，像哈瓦那这种非常辣但又带有水果味的辣椒用在辣酱中，可以和杧果或其他水果达到平衡。如果你担心这道菜会太甜，可以加些醋或柑橘类果实来重新平衡。越南料理中的万能蘸酱**酸甜鱼露汁**（见第174页的食谱）是辣椒、青柠汁、糖和鱼露完美平衡的混合物。虽然辣，但甜味、咸味和酸味起到了平衡作用，降低了食客对辣味的感知。越南菜和泰国菜是这种平衡的典范。

4.通过增加更多的其他食材来加大菜量，分散辣味。

5.搭配淀粉类食物来抵消辣味，比如白面包或米饭。

最没用的就是惊慌失措、大量灌水，因为辣椒素是不溶于水的，所以喝水反而会将疼痛扩散到整个口腔。也许你的朋友会建议你喝啤酒，因为她听说酒精能溶解辣椒素。确实，冰啤酒配上辣度五颗星的泰式红咖喱鸡听起来很棒，但啤酒甚至鸡尾酒中的酒精含量根本不足以溶解辣椒素。但如果有人要给你喝家酿酒，赶紧说好。

辣伤急救

你一定会爱上《烹调图例》（*Cook's Illustrated*）杂志的。他们真的找了志愿者，并请志愿者把辣椒抹在皮肤上和嘴里，测验各种缓解疼痛的方法。以下是他们的发现：

> 结果表明，过氧化物会与辣椒素分子发生反应，改变分子结构，使其无法与人们的受体结合。过氧化氢在含有小苏打这样的碱性物质中效果更好：我们发现，用1/8茶匙小苏打、1汤匙水和1汤匙过氧化氢调制的溶液可以用来清洗被辣到的部位，也可以用作漱口水（用力漱口30秒）来减轻辣椒的刺痛感，使其转为温热的感觉。

如果你身边没有过氧化氢和小苏打，我亲身试过的一种方法也不错（为顾客做菜时，我在切完泰国辣椒后不小心摸了摸嘴唇）。这个方法的步骤如下：首先，用肥皂和少量水清洗被辣到的部位（肥皂会分解辣椒素）；其次，擦一点药用酒精，必要时也可以用龙舌兰酒、杜松子酒或伏特加（我只有这些！）代替；最后，再擦一些酸奶或酸奶油，这样会舒服一点，或者至少当我的顾客走进来，发现我坐在椅子上，满头大汗，嘴唇上都是酸奶的时候，我觉得舒服了。

　　如果辣椒进到了眼睛里该怎么办？西雅图的香草与香料供应商糖丸（Sugar Pill）的老板卡琳·施瓦茨（Karyn Schwartz）给了我一些建议，如果你像我一样，在切完塞拉诺辣椒后没有戴手套就揉了眼睛（我前面有没有说切辣椒时戴手套有多重要？），就能用上这一招。她告诉我的解决方法听起来很疯狂，叫"扫除"，你可以用自己的长发，或者抓住身边任意一个人的发尾，扫过你的眼睛。发丝上的天然油脂会吸附一些辣椒素分子。你可以在眼皮上多扫几次，直到灼烧感减弱。她的这个方法来自她的亲身经历。有一次她伸手去够高架子上的一加仑装卡宴辣椒粉罐，结果整罐辣椒粉都倒在了她脸上。如果你像我一样是短发（或者没有头发），那就往眼睛里倒一些牛奶。相信我，你的尊严早已荡然无存。

　　虽然我们正在谈论与辣椒相关的警示故事，但一定要确保在你把辣椒放入搅拌器之前，先用一点油将其炒一下，以减轻辣味。如果不这样做，你做出来的辣椒膏或辣椒酱大概能把整条街上的邻居都辣走。

增加菜谱中的辣椒用量

我的建议是避免直接按比例增加辣椒的用量，原因很简单，许多品种的辣椒的辣度并不一致（我说的就是你，哈拉贝纽辣椒）。你不会想在按比例加了28个辣椒后，却发现自己孤注一掷地选了这批哈拉贝纽辣椒中最辣的那个。如果一份菜谱上说需要3个塞拉诺辣椒，而你要做三倍的量，先加4~5个试试，边烹饪边品尝。不够辣的话，总可以再加。

烹饪讲师兼作家凯伦·于恩森（Karen Jurgensen）告诉我，她会按比例增加味道温和的辣椒，但对较辣的辣椒就会收着点了。她加丁香和白胡椒时也很谨慎，因为"丁香似乎会盖过其他味道，而且味道不会很快消散"。就像辣椒一样，任何辣味食材一旦过头就会破坏你的品尝体验。

打破与辣椒有关的错误观念

你能不试吃就知道辣椒有多辣吗？

不能。闻气味、观察辣椒的形状有多尖、数辣椒上的隆起和伤痕、放到耳边期待辣椒跟你说话，或者任何你听过或想过的方法，都不能判断辣椒有多辣。不过你可以把辣椒蒂切下来轻触舌头，这和吃一口差不多，不过疼痛感要弱得多。

吃辣椒会"毁掉"味蕾吗？

不会。我们已经知道辣椒并不会影响你的味蕾，而是会影响与温度和感知疼痛相关的神经。新墨西哥州立大学辣椒研究所（Chile Pepper Institute）所长保罗·博斯兰（Paul Bosland）说，即使是吃特立尼达莫鲁加蝎子椒（史上最辣的辣椒之一）所产生的麻木感通常也会在24小时内消失。

英文中的"辣椒"到底是chilli、chili还是chile？

"Chile"一词较为常见，不过究竟用哪个词，具体还是要看你住在世界上的哪个地方。下面是一些快速指南，告诉你在美国涉及这些词时都是什么意思。

●Chilli：只有在英国才用。

●Chili：就像墨西哥辣肉酱（chili con carne）一样，这是一种用肉、番茄和豆子炖煮的微辣肉酱。但不是所有版本都放了豆子，因为有些人觉得放豆子是对它的亵渎。

●Chili's：美国的休闲连锁餐厅，以得克萨斯–墨西哥式风味菜肴为主。

●Chile：指南美的一个国家，也指味道丰富的各种辣椒，可以给食物增加水果味、烟熏味、植物味或泥土味，辣度不等。

我们在这里纠结叫法的时候，可爱的烹饪讲师兼作家拉加万·利耶尔对人们用"spicy"（辛辣的）来形容辣味的做法感到愤怒。他恳求我们"把'spicy'这个词用在形容香味食材上"。

大蒜和洋葱

如果说菜肴是一座房子，那么把大蒜和洋葱比作地基一点也不夸张。或者至少，这就是大多数料理中尊崇的"臭玫瑰"。它们当然不是真正的玫瑰，这个称呼只是各种辛辣的葱属植物的外号。

我能听到你在想什么："我们已经到第九章了，你**现在**才给菜肴这座建筑搭地基？"

在菜肴里加入葱属植物确实不错，可以增加甜味、辣味和鲜味，这取决于你的烹调方式、切法和保存方式。我把它们放在辣味这一章是因为除了煮熟的大蒜和洋葱之外，这类食材都有一种可以让人立即辨认出的辛辣味和抓住味蕾的刺激感。但它们真的是一道好菜的必要基础吗？我会把它们归入类似香味食材的阵营里（事实上，这类食材也确实很香）。简而言之，我相信许多厨师在处理食材时都会有一份清单，会优先考虑那些效果好的、大胆的味道，如大蒜！辣椒！香料！他们在检查这些味道的同时，可能忽略了要做一道好菜更关键的因素，那就是食材的品质，以及咸味、酸味、甜味、脂肪味、苦味和鲜味的适当调配。我曾经吃到过放了太多生蒜的菜，嘴里留下了如化学制品般的味道。我还见过许多沙拉里放了多到数不清的生洋葱片，完全吃不出其他食材更细腻的味道。像辣椒一样，大蒜和洋葱也占据着重要地位，但厨师们需要小心使用，慎重考虑这些食材的影响。

生化战

当一只虫子、鸟，或像你这样的哺乳动物咬到一瓣大蒜时，一场生化战就开始了。大蒜的细胞被你的牙齿（或刀）破坏后，两个分子得以结合：蒜氨酸和蒜氨酸酶。它们碰撞出甜蜜的爱情，产生蒜素，即那种会让吸血鬼缩在披风里发抖的东西。

大蒜的品种、生长环境和烹调用油（黄油会软化蒜味，而不饱和的植物油则会激发出更强的蒜味）都会对蒜味的强弱产生重要影响，尤其是那些烹调时间不长的大蒜。同样重要的还有你的处理方式，是切碎、捣碎还是切片。蒜瓣切得越碎，释放的蒜素就越多，蒜味也就越强烈、越辣、越浓。

> **趣味科普** 只有傻瓜才会靠刷牙来去除嘴里久久不散的蒜味，因为这样做一点用都没有。内行人士会直接啃苹果、生菜或薄荷叶。这些食物都含有大量的酚类化合物，而这种芳香化合物会与大蒜中造成致命臭气的化合物发生反应。另外，这三种食材都富含多酚氧化酶和还原酶，被认为可以加速反应，更快消除蒜味。[27]

丹尼尔·格里泽对大蒜进行了多次切碎和捣碎实验，以确定处理方式究竟会如何影响蒜味的强弱。他发现，捣蒜是制造辛辣多汁的生蒜的最快办法，因为它能最有效地破坏细胞，产生大量的蒜素。综合来看，切碎似乎是最好的做法（我也同意），因为与捣碎或压碎相比，这一情况下的细胞被破坏得最少，总体上保留了蒜味，却只有一点生蒜的刺激味道。烹饪时，切碎的大蒜不像捣碎或压碎的那样容易烧焦，而且味道也更甜、更醇香[28]。

生蒜的味道变化

按蒜味从浓到淡的顺序排列，以下是生蒜在不同弄碎方式下，味道和质地的变化，以及各种处理方式最适用的情况。

- 捣碎的：容易烧焦，味道刺激，汁水丰富，适合用来做意大利蒜泥酱（aiolis）。
- 压碎的：保留少许汁水，味道比捣碎的柔和，利用率不高（会留一些在机器里），容易烧焦。

● 手动切碎的：辛辣，用途多，不容易烧焦，煮后更甜。

● 切片：非常适合用于制作酱汁或用在炖菜里。

● 整颗拍扁：非常适合浸泡在油或酱汁里，味道温和。

但如果你想用生蒜或微微煮熟的大蒜，却又不想尝到大蒜辛辣刺激的味道，该怎么办？你可以冲洗大蒜！先切碎或切片，然后放入筛网中，用温水冲洗。大量的蒜素会通过下水道流走，大蒜的辛辣味立刻就减弱了。

熟蒜的味道变化

按蒜味从浓到淡的顺序排列，以下是不同烹饪方式给大蒜的味道带来的变化。

● 煮得太快，呈深棕色或烧焦了：发苦，刺鼻（扔掉吧）。

● 用植物油慢慢烹饪：味道强烈，辣，有一点甜。

● 用黄油慢慢烹饪：刺激的边缘被软化，辣度降低，更甜一点。

● 呈褐色且变软：焦糖味，更甜了，味道温和，没有辣味。

● 烤到非常软：非常甜，烧烤味，香醇，奶油味，味道温和。

为了在以大蒜为主的菜肴中最大限度地发挥大蒜的味道，可以使用多种方法来处理大蒜，以营造层次感。将压碎的整瓣蒜放入油或黄油中，小火慢煎，直到大蒜滋滋作响，继续小火煎10分钟，滤掉大蒜（丢弃），然后用剩下的油做菜。你可以多加些蒜末和主料一起烹饪一会儿，在关火前20分钟，再加一些薄薄的蒜片，可以锦上添花。你既可以尝到全熟大蒜融合得当且香甜温和的蒜味，又可以尝到半熟蒜片微微的辛辣，而且不至于让整道菜都充斥着蒜味。

　　务必留意你处理和烹饪大蒜的方式，因为这会影响整道菜的平衡。如果你不想让菜肴太辛辣，可以冲洗一遍或煮得久一些，让蒜味变得柔和；如果你想要保留辛辣，直接用生蒜或简单烹饪一下即可。除非你想做一道五十瓣大蒜汤，否则，少即是多。

大蒜的种类与味道

- 硬颈蒜：如果你见过这种大蒜，那很有可能是在寒冷地区的农贸市场里，因为硬颈蒜在寒冷气候下生长得更好。这种大蒜很容易辨认，它的中间是木质的硬茎。味道鲜明，超级辛辣，比软颈蒜更刺激，大蒜迷对这种大蒜爱得疯狂，并像收集棒球卡那样搜寻不同的栽培种。

- 软颈蒜：这是各个商店中常见的品种，它的蒜瓣比硬颈蒜更多，辛辣感稍弱。

- 象蒜（也叫水牛蒜）：这种味道更为温和的大蒜其实根本不是大蒜，而是韭葱的变种，有些洋葱味，个头也更大（比婴儿的拳头还大，不过要比电动汽车小）。它很容易去皮，适合慢烤至散发甜腻味。

- 野韭葱：这是厨师们的宠儿，野生的葱属植物，我把它放在这里是因为它有类似大蒜的味道。野韭葱的味道香甜刺激，是野蒜的近亲。放在意大利面中非常棒，烤过之后和牛排非常搭，也可以腌制后和春羊肚菌一起撒在比萨上。

- 青蒜：这种蒜主要在农贸市场出售，是未成熟的大蒜幼苗，顶部附着绿色的嫩蒜，通常在早春时收割。像烹饪韭葱或大葱一样烹饪青蒜即可。

●蒜薹：晚春时，青蒜在开花前，顶部会开始出现扭曲的花茎。农民通常会剪掉花茎，以便更多的能量进入蒜瓣。不过聪明的农民干脆就把剪掉的部分当作另一种绿色蔬菜出售了。可以把蒜薹倒入酱汁、烤面包布丁，或者炒一炒再放入意大利面中。蒜薹比柔嫩的蒜苗更结实。

●发酵的黑蒜：如果你见过用塑料薄膜包装的大蒜（看起来就像来自《绿野仙踪》里的西方女巫家的储藏室），那你其实是发现了市场上最新型的大蒜。发酵的黑蒜实际上并没有真正经过发酵（我们就不能起个准确点的名字吗？），而是通过几周时间慢慢干燥和焦糖化的结果。几周后就能得到这种味道香甜、软糯、丰富的黑蒜，温和的蒜味会唇齿留香。黑蒜有松露、菇类、大豆和焦糖的味道。虽然还是大蒜，但黑蒜不再有强烈的辛辣感，也能更好搭配鲜味、甜味或苦味了。现在你已经了解了黑蒜，不妨试一试，把它用在酱汁、油醋汁中，或者和黄油一起融在牛排上。

洋葱的种类与味道

记得我还在烹饪学校上学时，有一次一位主厨老师让我拿个洋葱给他。等我到了食品储藏室的时候，眼前是五颜六色的洋葱，好像洋葱组成的彩虹。我每种都拿了一个。后来我才知道，如果没有具体指明的话，一般指的都是黄洋葱。下面是一些你可能会遇到的最常见的洋葱。

●黄洋葱/褐色洋葱：最便宜的洋葱，适合各种烹饪方式，生吃有强烈的辛辣感，焦糖化后非常甜。

●白洋葱：味道刺激，水分含量高，爽脆，适合用来制作沙拉。

●红洋葱：好看，尤其是腌制后，比白洋葱及黄洋葱的味道更温和，适合用来制作汉堡、三明治或沙拉。

●甜洋葱（瓦拉瓦拉洋葱、维达利亚洋葱、毛伊岛洋葱）：适合生吃，甜，用来做洋葱圈效果极好。

●青葱：味道温和；熟得快；辛辣感比黄洋葱、白洋葱和红洋葱弱；白色部分味道最浓；绿色的部分微辣。

●春洋葱：未成熟的洋葱，味道比青葱更浓，白色的部分最好煮过再吃，绿色的部分可以切碎生吃。

●西波罗尼洋葱：在意大利语中的意思是"小洋葱"；皮薄；比黄洋葱、白洋葱和红洋葱更甜；最适合烤或焦糖化后食用。

●红葱头：主厨的最爱；味道温和，甜，爽脆；辛辣感比黄洋葱、白洋葱和红洋葱弱；适合做油醋汁和沙拉。

●韭葱：味道温和，适合做浓汤和高汤，口感柔和，炖煮后很滑嫩，是洋葱界的性感美人。

●珍珠洋葱：垃圾洋葱；新鲜的珍珠洋葱只有婴儿的小手才剥得了；冷冻过的还行，但我感觉不会特别甜或好吃，只是很小罢了；如果你坚持要用这种洋葱，就扔进马提尼里吧，或者和其他我最喜欢的（但其他人讨厌的）配料搭配，制作一份垃圾沙拉，比如搭配金丝瓜（水水的）、金针菇（好看但没味道）、蒲公英叶（太苦了！）及哈拉贝纽辣椒（辣度不一致）。

爱哭鬼

当你切开洋葱，破坏洋葱的细胞壁时，一系列的化学反应会导致一种挥发性的硫化物（丙硫醇-S-氧化物）进入你眼睛里的水分中，这两种物质在你眼睛里形成的东西也不算太糟，只不过是**硫酸**而已啦。眼睛因此被灼伤（因为其中有**酸**），刺激你流泪冲走硫酸。不如把洋葱、大蒜及刺人的荨麻都放在"试图杀害我们的食物"的列表上。

为了降低洋葱的刺激性和让你泪流满面的能力，特别是那些你要生吃或腌制的洋葱，你可在切碎或切片后用热水冲洗掉刺激眼泪分泌的化合物（称为**催泪剂**）。另外，洋葱切完不要放太久，放得越久越辣眼。

至于那些据说可以防止流眼泪的"秘诀"，比如嘴里叼火柴、嚼口香糖、在房间里点蜡烛等，统统不管用，还是坚信科学吧。除了冲洗之外（如果你已经切了一半，其实就没什么用了），防流泪的最好办法就是佩戴护目镜或隐形眼镜。次佳的办法是用冻过的洋葱，这样可以减缓化学反应，或者用风扇吹走那些刺激性的气体。好的刀工也很有帮助，因为如果你切完后发现切得太大块了又重新改刀，就会破坏更多细胞壁。所以，务必三思而后"切"，或者用烹饪的行话说：好好练刀工！

顺便说一句，经验不会让你百炼成钢。每隔一段时间，我就会切到一个特别辣眼的洋葱，然后不得不洗脸、冲洗眼睛，因为我的脸又红又起斑，眼睛也肿肿的，仿佛我刚刚连着看完了《断背山》《泰坦尼克号》《辛德勒的名单》等催泪电影。要打赢洋葱化学战的唯一方法就是加热。烹饪使酶失活，所以大可勇敢地盯着锅里的洋葱，无情地嘲笑被热火和人类的智慧击败的洋葱。

如何拯救一道蒜味或洋葱味过浓的菜肴

有时菜肴里的辛辣味会失控，你需要把菜肴拉回正轨。以下建议按应该尝试的先后顺序列出。

1. 如果可以的话，多煮一会儿洋葱和大蒜，因为它们的味道会随着时间流逝慢慢变得柔和。烹饪过程会将辛辣的蒜素分解成各种多硫化物。蒜素是醇溶性的，多硫化物是脂溶性的。所以……看下一条吧。

2. 双管齐下，你要谨慎选择，确保菜里加了脂肪和酒精（如果不冲突的话），使这些化合物变得更柔软、温和、不那么辛辣。

3. 如果是那些味道被葱蒜类蔬菜所压制的生吃菜肴，请借鉴第174页的越南酸甜鱼露汁菜谱，通过加糖或加酸来分散味蕾的注意力，让人忽略大蒜或洋葱的辛辣。

4. 通过增加其他食材的用量来加大菜量，稀释味道，或者单独做一份不含葱蒜的版本，再混合在一起。

> **趣味科普** 许多与辛辣味有关的食物都具有抗菌特性，比如黑胡椒、辣椒和大蒜。在一项研究中，大蒜杀死了它接触到的所有细菌。

我的烹饪噩梦

虽然葱蒜在世界各地都备受推崇，但我还是想把有点偏激的想法告诉你：没有葱蒜，你仍然可以做出美味的食物。你大概会说，这是因为我在这方面有些经验。如果我问你，主厨对什么东西过敏最悲哀，你会怎么说？没错，就是大蒜和洋葱。我在步入烹饪职业生涯第15年后，开始对大蒜（尤其是生蒜）产生严重的过敏反应，对洋葱也轻微过敏。这听起来就像个笑话，但一点也不好笑。我思前想后，确定了自己还有活下去的理由，于是就学会了不用大蒜和生洋葱（熟的我还可以忍受）也能做出美味的佳肴，顾客甚至都不知道菜里没有放大蒜和生洋葱。听起来像天方夜谭？一开始我也这么认为，但我运用了本书中所有的知识来烹饪，将所有元素都排列得井井有条，这样就不会遗漏任何东西了。当然，我这里说的不是怎么在不使用大蒜的情况下把蒜味鸡翅做出蒜味，但如果我要做的不是一道蒜味浓郁的菜，我会确保这道菜的咸味、酸味、甜味、脂肪味、苦味、鲜味、香味以及其他辛辣味和质地全都拿捏得当。从理论上来讲，原本可能会终结我职业生涯的灾难反而成了我写这本书的灵感之一。平衡，比任何一种配料都重要，甚至比一堆同类配料都重要，不管这些食材是多么受人喜爱。我想念大蒜。我想念酱汁里的生洋葱。我想念洋葱圈。但我如今的厨艺和我在蒜味薯条、烟花女意面、韩式泡菜、美味的凯撒沙拉里打滚时相比，已经更上一层楼了。

我并不是说可以用某种尝起来像大蒜的食材来替代大蒜，但当我真的很想念大蒜时，我会用一种自己发明的混合食材来烹饪，以接近大蒜在菜肴中所发挥的许多作用：明显的辛辣和刺激感，煮过之后会有一点点甜味，令人兴奋的、像顶级香水般强烈的香味，以及带有泥土气息的臭味。

我用到的是切碎的茴香（有香味、质地相似、略带甜味）、一点点姜末（辛辣）、一撮松露盐（泥土味、令人兴奋、有臭味）和一撮阿魏粉（asafetida，一种生长在印度的草本植物，由其胶树脂干燥后制成，有硫黄味和臭味的香料）。我会用一点油把上述食材混合炒熟，等到所有食材都变软变柔和以后，就可以用来代替大蒜了。如果你要为对大蒜过敏的人做菜，也可以采用类似的方法。如果你知道某样食材会给菜肴带来哪些味道，你就可以更快地找到一种恰当的替代品。

姜

市面上的大多数姜都是黄姜。有时我在家附近的日本超市里会看到嫩姜，如果我想自己做腌姜（gari，寿司姜）的话，就会买一些。

姜的活性成分是姜辣素（Gingerol）和姜烯酮（Shogaol），这两种成分在生姜中既强劲又辛辣。姜烯酮比姜辣素要辣得多，在干姜中更为常见，这就是为什么干姜只要放一点就能起到很强的效果，而且和新鲜生姜相比，像是两种不同的食物。如果你必须替换使用新鲜生姜和干姜，那么请按这个比例替换：1汤匙新鲜生姜末替换1/4茶匙干姜粉。姜煮熟后，这两种化合物会转化为姜酮（zingerone），一种更为温和的化合物，略带甜味。如果一道菜里的姜味已经失衡，那就多加点汤汁，再煮一会儿，使生姜的味道变得柔和。

其他带有辣味的食材

山葵、辣根、萝卜和芥末是十字花科家族的四名成员。这是一个鲁莽、充满激情的家族，真的会对你不客气的。它们会狠狠折磨你，让你泪流满面，但就像对待所有失能家庭一样，你会忍不住回头找苦吃。

山葵、辣根和萝卜中的活性辛辣化合物在磨碎或切割时会活跃起来，而芥末中的化合物则会在被碾碎或磨碎后激发出来。这些化合物比辣椒中的化合物更易溶于水，这意味着虽然它们的攻击力很猛烈，但消失得更快，而辣椒则会折磨你很长一段时间。山葵的辣度和味道是短暂的，匆匆一下就退场了；它们被研磨5~10分钟后的威力最猛，但很快就开始消退。这就是为什么你经常看到山葵是粉状或糊状的。

说到山葵，你可能已经知道了，但如果你不知道，我也不打算照顾你的情绪。你在寿司店吃到的大多数"山葵"，其实根本就不是山葵，而是绿色的辣根，里面可能混有非常少量的真正的山葵，但也可能根本没有。平心而论，辣根和山葵非常相似，但山葵的味道更微妙。辣根直冲你的鼻子出击，山葵则会先在你耳边说些没意义的甜言蜜语。不过，山葵要贵得多，所以大多数美国人并不熟悉它，而且可能更喜欢他们一直以来吃的东西，并称之为"wasabi"。

趣味科普 山葵中含有挥发性化合物，这也是寿司厨师会用生鱼片和米饭夹住山葵的原因之一。这种三明治一样的结构可以防止香气（以及最呛人的气体）逸出。

白萝卜是一种极好的，但经常被忽视的食材，它比我们在前文中讨论过的其他食材（特别是辣椒和生蒜）的攻击性要小一些。我用磨泥器把去皮的白萝卜磨成泥，挤出所有的水分后，用剩下的清新爽口的干白萝卜泥搭配油炸豆腐、烤鱼或汤一起食用。或者把白萝卜切成圆片，炖或焖至变软变甜；白萝卜的质地像海绵一样，会吸收汤汁。如果你吃过越式法棍三明治，里面可能就夹着和胡萝卜一起快速腌制过的白萝卜，用来解猪肉的油腻。萝卜的种类有很多，但它们都有类似的爽脆感和微微的辛辣味。无论你是在吃加了黄油和盐的法式早餐萝卜，还是在吃沙拉中切成薄片的、好看极了的心里美萝卜，当萝卜吸引到舌头的注意时，你的味蕾定能明显地察觉到。

山葵和辣根急救建议

以下是几个可以减轻山葵或辣根对鼻子痛击的小建议。

- 放松，年轻人，如果你用鼻腔喷气，那你就失去了感受这道菜微妙细节的体验。这就是为什么寿司厨师看到你把山葵拌到酱油里时会默默地皱眉了。他们已经在生鱼片中添加了精确的山葵量，以衬托食物，但又不会盖过食物本身的味道。

- 山葵和辣根的气味击中鼻腔黏膜时确实会带来痛感。如果你一口吃下过多的山葵和辣根，可以先用鼻子吸气，再用嘴巴呼气，清除那些想飞离舌面、直冲鼻腔而去的活性成分。

芥菜确实被低估了。腌制后，搭配泰国北部经典的咖喱金面就非常美味。与宽叶羽衣甘蓝和羽衣甘蓝一起炖，可以给菜肴增加一点辛辣味和更多的趣味性。芥菜籽在德国、法国和北欧的菜肴中被广泛使用，而印度菜里也少不了在油中噼啪作响的芥菜籽。我喜欢芥末鱼子酱的辛辣，总是会在冰箱里备一罐。这种酱料制作起来也很容易（菜谱如下），可以放在炖肉、沙拉、奶酪拼盘上，也可以混在黄油中抹在饼干上。芥末鱼子酱的辛辣味和爆珠感真的有数不尽的用处。

芥末鱼子酱

做法非常简单：将1/2杯黄芥子、1/2杯米醋、1/3杯水、1/3杯味醂、1茶匙白砂糖和1/2茶匙海盐放入一口小平底锅中，用小火慢炖45分钟，或直到黄芥子膨胀。如果水位下降了，就再加点水。用细海盐调味。将做好的芥末鱼子酱装进密封容器冷藏，可以保存几周。

辛辣食材的储存建议

● 大蒜和洋葱（黄洋葱、白洋葱、红洋葱）：装进纸袋里，给袋子戳几个小孔，或放在篮子里，摆在通风良好的阴凉处；不要和土豆放在一起，因为葱蒜释放出的乙烯会使土豆发芽。

● 新鲜的洋葱、青葱、韭葱等：装入塑料袋（开口处要稍稍敞开），放进冰箱保鲜层保存，用时再清洗。

● 姜：装入塑料袋，放进冰箱保鲜层保存，或者装入密封良好的自封袋里，放进冰箱冷冻层保存，需要时可以直接磨碎使用。

●（真的）山葵：用湿的厨房纸包好每根茎，然后装入塑料袋（开口处稍稍敞开），放进冰箱冷藏保存。根据需要每隔几天重新弄湿厨房纸。

- 各种萝卜，包括白萝卜：装入袋子（开口处要稍稍敞开），放进冰箱保鲜层保存，一周内要用完。
- 芥菜：装入袋子（开口处要稍稍敞开），放进冰箱保鲜层保存，使用前再清洗。

胡椒

我们把不同类型的胡椒的味道差异归因于以下几个方面：生长环境、采摘时间（胡椒是一种藤本植物的果实）及加工方式。

黑胡椒

黑胡椒是来自许多不同种植地区的成熟绿胡椒经过焯水和干燥后制成的，每种黑胡椒的味道都略有不同。最有名的是以下两种。

- 产于印度南部的特利切里黑胡椒，这种黑胡椒留在藤蔓上慢慢成熟的时间比大多数黑胡椒长。甜辣的口感，有一种深邃、丰富、浓郁的味道。
- 楠榜黑胡椒是一种生长在印度尼西亚的、颗粒较小的黑胡椒，采摘时间比特利切里黑胡椒早一点。这种黑胡椒散发着香味和柑橘味，味道刺激，辣度持久。

如果你打算只用一种黑胡椒的话，我建议你用特利切里黑胡椒，因为我发现它的适用范围更广。但坦白说，如果你把新鲜的黑胡椒磨碎（各种黑胡椒的香气在大约30分钟后都会消散一空），任何黑胡椒其实都一样。所以，把贵的留下来涂抹牛排或用在斯佩兰扎意大利面（菜谱见第113页）里吧，这样就没有太多其他食材和黑胡椒一较高低了，你可以更好地感受黑胡椒的香味和辣味。

绿胡椒

绿胡椒是尚未成熟的黑胡椒。多以盐水胡椒、干制胡椒等形式存在，味道比黑胡椒要温和，但仍有强烈的冲击力。多被用在酱汁中，泰国菜里较为常见。

白胡椒

有些人会觉得白胡椒是来自阴间的发霉樟脑丸，但其实白胡椒是黑胡椒在水中发酵两周后除去覆盖在种子上的果皮得来的。白胡椒不像黑胡椒那么辣，但气味更冲，所以喜欢的就非常喜欢，讨厌的就非常讨厌。我在同事之间进行的一项非正式调查显示，许多厨师不喜欢白胡椒，不过美食作家兼顾问杰奎琳·丘奇（Jacqueline Church）对此的态度却相反，她将人们的这种厌恶归咎于大多数人橱柜里的白胡椒都太"旧"了。"我们都知道香料粉的挥发性化合物很快就会消散。今年产的新鲜白胡椒粉就很美味。不要用去年、五年前、女星贝蒂·怀特（Betty White）出生那一年产的白胡椒。"她说。

或许她闻不到莎草薁酮这种化学物质的气味，这种化学物质在白胡椒中的含量很高。澳大利亚科学家在研究西拉葡萄的胡椒味时偶然发现了这种化学物质，并在研究中指出，20%的受试者根本感觉不到莎草薁酮的存在。葡萄酒专家杰西斯·罗宾逊（Jancis Robinson）说，当葡萄酒中的莎草薁酮含量过高时，就会散发出

"烧焦的橡胶味"。传统上，法国菜用白胡椒来避免黑胡椒突兀地出现在白色菜肴里，所以它的出现并不完全是出于对味道的考虑。

粉红胡椒和花椒

我很高兴世界上存在这两种东西，主要是因为这样就有两种方法可以让你知道，正在和你聊天的人究竟会不会认为自己很懂食物。方法一：他们告诉你山药实际上是一种地瓜。方法二：他们一定会告诉你，粉红胡椒和花椒其实不是胡椒。这两件事我说过好几次了，所以我非常了解。但你知道吗？请允许我显摆一下。

粉红胡椒是来自南美的一种灌木。这种灌木有点"胡椒味"（啊哈！），但我认为它更像是一种带有柑橘味、花香味和轻微甜味的香料，而不是一种给食物增加辣味的食材。粉红胡椒的质地很细腻，所以要用研磨机或研钵和研杵，而不要放进胡椒研磨器里。

花椒与柑橘有亲缘关系。花椒会刺激你的唇舌，如果大量摄入，还会使你的味蕾麻木。杰奎琳·丘奇指出："（花椒）具有中国人所说的'麻'的特点，也就是会让唇舌发麻，这是一种诱人的特点，当与辛辣的东西或'辣'结合时，就成了'麻辣'。中国菜在将不同的味道结合在一起方面表现得十分出色，如酸辣、甜辣、麻辣。"另一种与花椒类似的让人唇舌发麻的香料是日本料理中的山椒，它是七味唐辛子的成分之一，还有其他用途。山椒中的活性成分被称为山椒素，它能同时引起触觉灵敏度和让人产生凉爽或寒冷的感觉，以此来麻痹你的感官。吃花椒或山椒时，感受微弱的电流像微风一样拂过你的脸庞，这种合法的爽感可不能被低估了啊。但是，就像许多奇怪和令人兴奋的事物一样，一点点花椒或山椒的效果就很显著了。如果你人在四川，那你可得把持住了，那里的花椒真的太猛了！

实验时间

许多越南菜的搭配蘸料都是酸甜鱼露汁，这是我最喜欢的酱汁之一，因为它味道大胆、有活力、辛辣。这种酱汁包含了本书的大部分内容。每一种元素都起到平衡其他元素的作用：咸味（鱼露）、甜味（糖）、酸味（青柠汁）、鲜味（鱼露）和辣味（辣椒与大蒜）。实验结束后会剩下一点酱汁。制作第175页的泰式辣烤鸡翅时就可以把剩下的酱汁用作蘸酱，或者用作沙拉酱汁（尤其适合搭配放了许多新鲜香草、蔬菜和猪肉的凉米粉）。

教学内容：了解糖如何降低辣椒的辣度，以及大蒜的不同切法会如何影响蒜味的强弱。

越南酸甜鱼露汁（1大杯）

- 2/3杯水
- 1/2杯现榨青柠汁（大约3颗青柠）
- 2汤匙鱼露
- 2汤匙胡萝卜细丝（非必选项）

- 3个泰国辣椒，切碎，或1个小塞拉诺辣椒，切碎（戴上手套！）
- 4汤匙白砂糖，分成两份
- 2小瓣蒜

1. 将水、青柠汁、鱼露、辣椒末和胡萝卜丝倒入一个带倾倒口的量杯中混合均匀。将搅拌后的混合液平均分成两罐，一罐标上1号，另一罐标上2号。在1号罐中加入2汤匙糖，搅拌至糖完全溶解。

2. 尝一小口1号罐的味道。注意辣椒和糖混在一起是什么味道。现在再尝一下2号罐。少了糖，2号罐的味道显得更辣、更不平衡。当你感觉自己已经了解糖对平衡有什么作用了之后，就可以把剩下的2汤匙糖加到2号罐里搅拌均匀了。

3. 下一个实验展示的是大蒜的辛辣程度会因为切法不同而产生什么变化。使用磨泥器或其他精细磨碎器，磨出刚好1茶匙的蒜泥，放到1号罐里。用刀把蒜切成非常细的蒜末，量出刚好1茶匙的量，放到2号罐里。把两个罐子里的食材搅匀。各尝一点，注意两罐里的蒜味有何不同。两个罐子都盖上盖子，放入冰箱。第二天，比较两罐里的蒜味分别发生了什么变化。做完对比之后，就可以把它们混合在一起用来做菜了。这份酱汁可以在冰箱里冷藏保存一周。

泰式辣烤鸡翅（4人份开胃菜或2人份正餐）

这个食谱以多种辛辣食材为特色：蒜、姜、黑胡椒和辣椒。为了最大限度地突出味道，需要提前一天用美味的腌料腌制鸡翅。配上自制的甜辣酱（或用越南酸甜鱼露汁替代，菜谱见第174页）和足量的泰国香米或糯米（如果你不太能吃辣可以再准备一杯冰牛奶）。

- 1/2杯切碎的香菜梗
- 4瓣大蒜
- 2~3个泰国辣椒，或1茶匙卡宴辣椒粉
- 3汤匙蚝油
- 2汤匙现磨姜末
- 1汤匙现磨黑胡椒
- 1汤匙鱼露
- 2茶匙香菜籽，烘烤后磨成粉
- 3汤匙耐高温的油，比如牛油果油，分成两份
- 2磅鸡翅（如果买得到，请用鸡全翅）
- 自制甜辣酱（菜谱附后），搭配上菜

1. 将香菜梗、大蒜、辣椒、蚝油、姜、黑胡椒、鱼露、香菜籽和1汤匙油放入食品处理机或搅拌机中充分混合并搅拌成泥。用腌料腌制鸡肉至少1小时，最好能过夜。

2. 准备烹饪时，把烤箱预热至204℃。

3. 在烤盘上铺一张烘焙纸，并将1汤匙油均匀地刷在纸面上。把鸡翅、腌料和所有东西都放到锅里。将剩下1汤匙油淋在鸡翅上，烤至鸡翅呈棕色，边缘酥脆，大约50~60分钟即可烤透。搭配甜辣酱一起上菜。

自制甜辣酱（1/2杯）

- 1/2杯加2汤匙白砂糖
- 1/2杯米醋
- 1/4杯水
- 3汤匙鱼露
- 2汤匙雪莉酒
- 1/2~1汤匙红辣椒片（按想要的辣度决定用量）
- 3瓣大蒜，切碎
- 1½汤匙玉米淀粉，用1/4杯凉水溶解

　　将糖、醋、水、鱼露、雪莉酒、红辣椒片和大蒜倒入炖锅或深平底锅中，大火煮沸后调中火继续煮10分钟，或者直到汤汁减半。调小火，加入玉米淀粉和水的混合物，搅拌均匀，煮至酱汁变稠，大约需要2分钟。离火试味。你应该会先尝到甜味，然后是酸味，接着是辣味和咸味。如果酱汁不够甜，就再加点糖。如果不够辣，就多加些红辣椒片。完全冷却后，可以直接食用或冷藏后再食用。放进冰箱里可以保存几周。

好味道的秘密

食品室烹饪学校的南方风味辣酱（约1夸脱）

　　我在食品室烹饪学校授课，这是我朋友布兰迪·亨德森（Brandi Henderson）在西雅图创办的一所烹饪学校。我们会在各种菜肴中使用这款私房辣酱，或者直接提供在餐桌上。每到夏天，也就是当地的农民开始收获辣椒时，烹饪学校里就会有人做一大堆这种辣酱，这款辣酱因为用了不同辣度的辣椒，十分美味。它的味道很足，辣度适中，酸度也刚好合适，整体味道都变得有活力了。每年我都会"不小心"从烹饪学校带几罐辣酱回家。千万别告诉布兰迪。

- 1磅甜红椒
- 13盎司中等大小的红椒
- 3盎司红辣椒
- 耐高温的油，如牛油果油或米糠油
- 2杯蒸馏白醋
- 1/4杯水
- 2汤匙白砂糖
- 3½汤匙犹太盐

1. 预热烤箱上层或烤架。

2. 辣椒去蒂，彻底清理干净。准备足量的油，确保每一个辣椒的表面都裹上了油。放进烤箱或烤架上烤，目的是烤出完美的焦痕，但不要烤熟；我喜欢看到辣椒上烤出黑斑，但仍保留鲜亮的颜色。把烤好的辣椒（不用去皮）放进食品处理器或搅拌机中打成泥，加入足量的醋，以保证机器顺滑运行。

3. 用滤网过滤辣椒泥，尽可能地压出辣椒泥。把水、糖、盐和剩下的醋加到辣椒泥里，盖上盖子，放在冰箱里冷藏几天（也可以做好就吃，不过放久一点味道更好）。几天后尝一尝，调整味道。辣酱装在密封容器里可以冷藏保存一年。

第十章

质地

我要假设一种情况。假设你从第一章一直读到这里，已经了解了前面所提到的全部内容，掌握了所有要义，并做了一两个实验，考虑过怎样才能把菜做好。你请朋友来家里吃饭，为他们做了一顿包含四道菜的大餐，精心拿捏咸味、酸味、甜味、苦味、脂肪味、鲜味、香味和辣味。一切都处在完美的平衡之中。最后你端上这四道大菜，只不过全都是焗的。

请问：还会有人再来你家吃饭吗？请允许我为你回答：没有。除非你的朋友是婴儿或是牙齿有问题。

我们追求食物的质感，更准确地说，我们希望食物存在不同的质感。作为杂食动物，我们会用牙齿研磨、捣碎和撕扯食物。质地对我们能否享受食物是如此重要，抛弃这一原则，就等于毁了一顿大餐。

想想看，你看到菜单上的"酥脆""滑腻"等字眼时的感受。你会想象自己的牙齿咬碎了一块馅饼皮，或者把炸鸡的脆皮咬得嘎吱作响。当冰激凌在嘴里融化成美味的液体时，你的舌头上会感觉包裹了一层凉凉的冰激凌。制作菜单的人知道这一点，所以会温和地引导（操纵）你选择一些如果没有这些惹人遐想的描述你可能就不会点的食物。如果薯片没了酥脆感以及从你的口腔传到耳膜的声音，那就不剩什么乐趣了。当然，咸味很好，脂肪也很美味，但我们最喜欢的还是咀嚼时的松脆。

趣味科普 人类爱咀嚼，咀嚼对人类也有好处。一项研究发现，经常咀嚼苹果等硬质食物的老年人丧失智力的风险较低。咀嚼能增加大脑的血流量，降低患失智症的风险。"一天一个苹果"的重要性提升到了一个全新的高度[29]。

关于质地的基础知识

我们要再次感谢三叉神经，因为它让我们拥有了检测食物质地的能力。任何一个养了一只会掉毛的狗的人都对这一神经非常熟悉；正是三叉神经的敏感性让你在咀嚼一把薯片时停下来，把手伸进嘴里，拿出一根肉眼几乎不可见的1/4英寸长的狗毛。即使是似乎可以吃下泥土、石头和沙子的狗，也可以检测出陌生的质地。我养过一只黑色的拉布拉多犬（巴布，走好），它几乎不挑食，但有一次我就看到它把我为了去除它那要命的口臭而喂给它的一小卷欧芹从喉咙处干呕到了嘴边，并最终吐到了地板上。我认为欧芹不寻常的质地是导致巴布把它吐掉的原因，而事实上，欧芹并不是诱人的食物，所以巴布最后没有再叼起它。每个人、每个动物都是美食评论家啊。

食物的质地以及质地如何与我们的感觉神经相互作用，会影响我们对食物味道的感知。一团棉花糖好像就没有等量的白砂糖那么甜。当糖以棉花糖的形态出现时，我们对糖的感知在某种程度上就被固定在了松软的、难以捉摸的糖云中，而当它以白砂糖的形态出现时，糖就直接落在了我们的舌头上，可以与甜味感受器充分作用。这就是为什么人们服用辣椒素（或其他苦味草药）时会选择胶囊；胶囊的外壳起到一层保护屏障的作用，切断了感觉神经这个中间人。有些东西最好还是快些通过感官感受器和神经；这就像直飞和在三城之间痛苦地等待转机的区别。

食物的质地越接近液态，这种感知就越强烈。一份蟹肉浓汤的蟹肉味可能比一口等量蟹肉的味道更浓，因为浓汤会停留在你的味蕾上。说到酱汁，虽然也有一些例外，但多数浓稠的酱汁会比稀薄的酱汁传递更多的感官信息。通常而言，稀薄的酱汁会从你的舌面上很快滑过；你还没意识到发生了什么，它就消失了。而法式多蜜酱和白奶油酱等浓稠的酱汁则会包裹住你的舌头，与你的味蕾共度一段快乐时光。当然，这段多出来的共处时间也有一个缺点：如果酱汁不平衡，味道太浓或太淡，你就会非常清晰地尝出它的缺点。这就是为什么在法国烹饪中，酱汁厨师就算不是厨房里**最**重要的厨师之一，也能排在前几名。黏度（viscosity）法则的一个例外是越南酸甜鱼露汁（见第174页的菜谱），这种酱汁的流动性很强，但因为它的味道非常强烈、非常均衡，突出的味道完全战胜了酱汁离开你嘴巴的速度。

请不要为了让味觉感受器尝到更多味道就把所有的食物都混合在一起。我介绍上述信息只是为了向你展示味觉和质地之间微妙的关系。举个例子，虽然这个想法很可怕，但你不妨想象一下，把一袋盐醋味的薯片打成糊：你会感觉这份糊比薯片更咸、更油，甚至更酸，尽管事实并未如此。事实上，我突然觉得这个主意听起来好像也不算太糟糕。

黏稠、黏糊、滑溜和黏湿

食物让你感到厌恶或困扰的原因最有可能是与质地相悖，尤其当你来自那些只喜欢滑腻、酥脆质地的饮食文化时。想想大多数人不喜欢的食物：秋葵、仙人掌、蘑菇、茄子、生鱼、番茄的果肉和籽、蛋黄或半生不熟的蛋白、豆腐、纳豆、牡蛎。其中许多都是糊状的、黏糊的、黏湿的、湿滑的或柔软且富有弹性的。那些不是吃这些食物长大的人可能就不太喜欢它们。

趣味科普 我们不仅仅用嘴巴吃东西。而我要说的也不是眼睛。如果你在吃冰激凌这类顺滑的食物时用手搓砂纸，你就会认为冰激凌的质地不那么顺滑了（甚至还会觉得有颗粒感）。相反，你可以通过触摸一些能唤起你想要的质地的东西来增强食物的质地。试着一边吃意式奶冻一边抚摩羊绒或丝绸，甚至可以一边吃冰激凌一边抚摩你的猫（这并不是委婉的说法）。如果有人正好走进来看到了你，解释的时候请尽量不要让自己听起来像个变态。

质地具有文化意义上的特性。在日本菜和中国菜中，许多食材纯粹因其质地成为菜肴的一部分，而与它们可能提供的味道无关。《鱼翅与花椒》（*Shark's Fin and Sichuan Pepper*）及其他许多好书的作者扶霞·邓洛普（Fuchsia Dunlop）有一句著名的调侃，她说质地是"西方人学习欣赏中国食物的最后一道防线"。大多数非亚裔西方人更喜欢顺滑、酥脆的食物，而不喜欢多骨、有软骨和凝胶状的食物。所以，当食物是滑溜、有弹性、黏稠或黏湿的时候，大概除了那些从小就爱吃这些质地的食物的人，其他人都不能接受。我们通常只喜欢自己熟悉的东西。

汉语中有一个专门形容质地的词叫"口感"。口感是中国菜中非常有名的一个方面，如果你曾经品尝过海参、鹅肠、鸡爪或猪耳，你就会明白这一点。这些食物的质地就是一切，而人们对这些食物的喜爱则可以追溯到所谓的"从鼻子吃到尾巴"的饮食传统，以及穷苦人家所践行的一点也不应该浪费的烹饪观念。但这也可以归因于富贵人家的餐桌：在过去，整盘的鹅掌被视作奢侈的佳肴，只有富人才吃得起。

西餐里少有什么菜肴和食材是具有特殊质地却味道寡淡的（不过美国南部的灵魂食物，如秋葵、小肠和猪脚倒也可以一较高下）。但放眼全世界，这一现象并不少见：在日本，有纳豆（因其黏湿、拉丝的质地而备受推崇）和豆腐（质地细嫩而富有弹性）；在菲律宾，有人们喜欢的鸭仔蛋，也就是未孵化的受精鸭蛋，吃的时候会咬到里面小小的鸭骨，所以要小心细细的鸭毛；在泰国，夜市上有卖脆脆的炸蜢、水蟑螂和蝎子炸串。

质地对比

我感觉自己在很小的时候就本能地知道，质地对比会让无聊的食物变得有趣。小时候有很长一段时间，我每天都会吃花生酱果酱三明治。但有一天，我在收拾"警界双雄"午餐盒时，没有把那一小袋薯片放在一边，而是决定打开三明治，把薯片夹进去，再合上三明治，就这样吃。瞧！柔软的三明治中间多了一种令人愉快的、对比鲜明的酥脆口感，这让三明治变得更有趣了。现在成年的我有时仍会这样吃（我用了"有时"这个词是因为我也是要自尊的，但诚实点说，我"经常"这样吃）。

质地好坏要视情景而定

帕玛森干酪具有一种由氨基酸晶体（酪氨酸）形成的颗粒感，

这是精制奶酪陈年过程中的自然产物。奶酪中的这些松脆小晶体是美味的，但如果同样质地的晶体被放到奶油酱里，哎哟，那会变成什么样？里科塔奶酪（Ricotta）是一种新鲜奶酪，由凝乳构成，凝乳会通过酪乳等酸性成分从乳清中分离出来；当你感觉食物中本就该有凝乳时，凝乳的质地其实就很棒了。但是想象一下，如果谷类牛奶里面也出现了同样的凝结质地，变得黏黏糊糊的，呕，你一定会断然拒绝喝下它。质地的好坏也取决于你吃东西的年代。我的奶奶一定很喜欢她自制的芦笋肉冻这类炫彩"果冻"，但当时我们比奶奶年轻了几十岁，完全无法欣赏它，尽管我们是吃杰利奥果冻（Jell-O）长大的一代。儿童有点害怕新的质地，但科学研究表明，在小时候多接触新质地有助于提升未来的接受能力[30]。换句话说，奶奶在逼我吞下从犹太鱼饼冻四周渗出的好像《变形怪体》（*The Blob*，可以说是一部恐怖电影，主角是一只巨大的、质地可怕的东西）中的怪物的邪恶肉冻时，其实是在"帮助"我。

趣味科普　我们的味觉非常敏感，甚至能察觉到冰激凌中40微米大的冰晶。用液氮制成的冰激凌冻得很快，形成的晶体几乎难以察觉，使冰激凌呈现出一种格外柔滑的质地。

单宁与质地

你吸过茶包吗？听起来怪怪的。让我重新问一次：你有没有吃过还没成熟的日本涩柿（Hachiya persimmon，形状像橡子的那种），然后想知道你的舌头最后怎么样了？我吃过，在这里，我将告诉你一份关于吃涩柿的前线汇报。简单来说，那感觉就像是我走到你面前，抓住你的舌头，然后用廉价的毛巾在上面大肆摩擦，这样你就能体会到吃涩柿时百分之一的涩感了。这就是单宁的威力。我把你吓得不敢吃日本涩柿了吗？我个人是吃得下的，但对于其他人来说，吃之前一定要保证柿子已经熟软了，或者去吃富有柿（Fuyu persimmon），这种柿子各种熟度的都可以吃，硬度从脆硬到微微软都有，吃这种柿子就不用向单宁献祭你的舌头了。

单宁是一种存在于植物种子、果皮、茎和树皮中的化合物（多酚）。树木（这也是用橡木桶陈酿葡萄酒的主要原因）、茶、葡萄、核桃膜、黑巧克力、肉桂（毕竟是种树皮）、丁香和榅桲中都含有大量单宁。

从橡木中提取的单宁被用来将动物皮"鞣制"成皮革。想象一下，这种物质要有多厉害才能把动物皮变成皮革。当你喝内比奥罗（Nebbiolo，一种以单宁含量高而闻名的葡萄酒）时，要在单宁把你的嘴变成皮带之前赶紧享用晚餐，这简直是一场时间竞赛。内比奥罗是世界上顶级的葡萄酒之一，但必须与脂肪含量丰富的食物搭配，才不会有被毛巾揉搓的感觉。单宁具有刺激性，但也会增加食物和葡萄酒的复杂性。虽然单宁含有酸性成分，但总体感觉仍是干涩或干燥的。不过这种涩味可能是葡萄酒受欢迎的一个原因，因为涩味可以防止葡萄变得甜腻难忍，并且有助于消解脂肪含量丰富的食物的油腻感。

我和侍酒大师克里斯·唐赫聊过单宁，他强调，葡萄酒中的单宁会与脂肪和蛋白质相互作用，将脂肪从味蕾中提出来，让唾液将其冲走，再与蛋白质结合，从而创造出一种浓稠、饱满的感觉。单宁赋予了葡萄酒原本没有的醇厚和酒体，这也有助于葡萄酒的保存。不过，就像其他东西一样，一点点单宁就能发挥很强的作用。在富含蛋白质、口感顺滑的沙拉中加入少量核桃（含有单宁的薄膜）会刺激味蕾，并给沙拉带来复杂和平衡的口感。如果是满满一碗核桃呢？我是没见过有多少人喜欢单吃核桃。

我和克里斯的闲聊快结束时，他说："我肯定是一只很糟糕的海狸。"我心想："嗯？又开始了？"他解释说，海狸整天嚼木头，肯定对单宁免疫了。相比之下，当他吃完棒棒糖或冰棒，吃到里面的棍子时他就受不了了，因为他讨厌纸棍和木棍涩涩的感觉。注意，这就是有鉴赏力的味觉，而且是你想要的那种可以为你选择味道完美平衡的葡萄酒的人。

克服质地问题

是不是在吃到某些食物时，你的呕吐反射就会被触发？如果是的话，你大概会想跳过这一部分，因为这段内容会引起你对某些质地的严重厌恶，而且我的建议可能不会有帮助，但对那些只是不喜欢蘑菇的质地，或认为牡蛎太滑溜，而且只吃过几次这些食物的人来说，不妨继续读下去。

首先，我们要揭穿生蚝只能整只吞、不能碰牙齿的谬论。这就是一个引发食物厌恶感的处方啊，到底是怎样邪恶的食物才会如此令人发指，甚至不配咀嚼？大胆地嚼吧！牡蛎非常鲜美，嚼一嚼再吞下所体验到的质地比让牡蛎懒洋洋地滑过舌头更丰富。那些讨厌蘑菇的人不喜欢蘑菇的质地，可能是因为他们只吃过烹调不当的蘑菇。只要使用恰当的技巧就能打造出蘑菇质地的层次感，而且不会使其变得湿乎乎、嘎吱响、黏糊糊。

　　试着将这些质地具有挑战性的食材加入其他食物中，这样你就可以慢慢习惯你不喜欢的质地了。在墨西哥卷饼、饺子、比萨饺或类似的裹馅儿的食物中加入这些食材也是一个很好的方法，可以让别人接受原本令他们生畏的食材。对许多不愿碰生蚝的人来说，裹面包糠炸的牡蛎是完全可以接受的。我爱人不喜欢蘑菇和茄子的质地，所以这十年来我一直把它们偷偷塞到她的食物里，而她也没有发现！这下糟了。唉！

　　或者试着在脑海中形成与这些质地具有挑战性的食材有关的新联想。如果你喜欢吃蛤蜊，但吃不下生蚝，可以一边吃生蚝一边想象着自己在吃蛤蜊。蒸熟的蛤蜊和生蚝在质地上几乎没有区别。虽然蛤蜊更有嚼劲，生蚝更湿更凉，但区别仅此而已。这种新的联想真的可以帮助你克服对某些质地的厌恶。

利用质地增加趣味性

　　下次你去高级餐厅吃饭时，注意记下菜里都用了什么质地的元素。很少有餐厅会用土豆泥搭配炖牛肉，或者用米饭搭配大比目鱼咖喱，却不搭配一些质地有对比性的食材。炖牛肉里可能会撒上酥脆的油炸红葱头；咖喱里可能会有切碎的小葱或切碎的花生和辣椒。当你开始像主厨一样思考时，这些"非必选项的"配菜就不再是可有可无，而是成了不可或缺的一部分，用于打造人们渴望的质地对比。如果你有一段时间只能吃流食，那你一定知道，对食物质地的渴望会有多么强烈。我敢打赌，婴儿哭得那么伤心，多半是因为他们想吃点牛排或薯片。

质地类别

酥脆	薯条、烤或炸的猪皮或鱼皮
硬脆	香菜籽、蔬菜脆片、椒盐卷饼
爆汁	鱼子酱、芥菜籽、石榴粒
有嚼劲的	牛肚、筋腱、蘑菇、软椒盐卷饼、奶茶里的珍珠
滑溜	蘑菇、牡蛎、吉利丁、海带
薄脆	馅饼外皮、饼干、可颂
Q弹	香肠、鱼饼
柔软而富有弹性	豆腐、小牛（小羊）的胸腺、发酵面饼、玛芬
顺滑	冰激凌、坚果酱、奶昔、软奶酪
松软	刨冰、棉花糖
涩的	柿子、榅桲、含单宁的葡萄酒、茶
刺痛	花椒、丁香、跳跳糖、碳酸饮料

质
地

实验时间

让我们做一个理论实验来帮助你从不同的角度思考质地。我会给出一道菜，然后你想出几种可以添加或替换原菜肴里的食材，让菜肴的质地变得更有趣。在对每道菜都做出自己的判断之后，再阅读我的笔记，看我会怎么做。

举例： 胡桃南瓜浓汤。

答案： 我会用下列食材装饰这道汤。

● 烤南瓜子。

- 大块的烤面包片，或将整个烤面包放在一旁。
- 意式杏仁饼干碎、烤杏仁片和迷迭香奶油。
- 意大利熏火腿脆片或乡村火腿（弗吉尼亚火腿）脆片。
- 蜜饯生姜薄片混合少量炸鼠尾草。
- 用不同的方法处理汤，一半打成浓汤，留一半保留南瓜块，而当这顿饭里其他菜肴的口感是顺滑的时候，尤其需要这么做。

菜肴一：比布生菜沙拉佐山羊奶酪和梨

贝蒂有话说： 我可能会用裹了枫糖的脆核桃或石榴籽，或者用甜葡萄干面包或椰枣面包做的油炸面包丁来装饰。

菜肴二：烤鱼塔克饼（柔软的玉米饼皮中包裹着烤鱼肉）

贝蒂有话说： 我可能会用豆薯、青芒和香菜做一道脆脆的凉拌菜，或者用一点辣椒、新鲜番茄、香草和甜洋葱做一道浓稠的绿莎莎酱。或者可以改变烹调方法，将鱼肉裹上面糊油炸，放上凉拌菜或绿莎莎酱，然后再搭配顺滑的牛油果酱作为对比。另一种做法是把烤鱼的皮剥下来，烤至酥脆，然后将酥脆的鱼皮撒在鱼肉上，这样可以增加菜肴的酥脆度和质地的多样性（特别适合用来处理鲑鱼）。

菜肴三：香煎虾仁和玉米粥

贝蒂有话说： 让我们看看另一位主厨会怎么处理这道菜。肯塔基州路易斯维尔市的布里斯托尔烧烤吧（Bristol Bar & Grille）的大厨理查德·多林（Richard Doering）在煎虾仁时加了些青苹果片，并用加了乡村火腿丁的高粱波本酒多蜜酱汁来搭配。通过这些改动，变成了一道美味的香煎虾仁、顺滑的玉米粥、天鹅绒般细腻的多蜜酱汁、爽脆的苹果片及有嚼劲的火腿，质地更丰富，菜肴也更有趣了。

质地顶级的培根生菜牛油果番茄三明治

（简称BLAT）（1个三明治）

培根生菜番茄三明治（BLT）是组合最完美的三明治之一，它融合了前文提到的许多味觉和味道元素。在BLT三明治中加入一个牛油果（avocado），虽然让它的名字变成了不太好听的BLAT三明治，但成了顺滑质地的神来之笔。

警告： 教大家如何正确地制作BLAT三明治时，我立了很多规矩（见下一页）。这些规矩对能否做成功至关重要。没读完我的规矩前，请不要动手制作。建议看两遍，甚至背下来。

- 2片酸面包或其他白面包（厚度不超过1/2英寸）
- 2汤匙顶好牌（Best Foods）蛋黄酱或其他优质的蛋黄酱（不要用奇妙酱！）
- 2片非常冰的新鲜结球生菜叶
- 1/2颗熟度刚好的牛油果，切成薄片
- 2片品质绝佳、熟透的、极为美味的番茄
- 2片品质绝佳的1/4英寸厚的培根，煎得刚刚好

1. 烤面包，但只烤一面（我喜欢将馅料放在烤过的那一面上，这样当牙齿从较柔软的那面咬进，碰到里面焦糖化后酥脆的另一面时，就可以尝到两种顶级的质地了）。把其中一面放在烤炉或煎锅里烤出均匀的棕色和酥脆感（我会在煎锅里加一点橄榄油，然后再用一个铸铁小煎锅压在面包上，使面包与煎锅保持均匀接触）。

2. 把蛋黄酱均匀地涂在面包片烤过的那面，边缘也要涂到。蛋黄酱中的脂肪起着防水雨衣的作用，防止烤面包片变湿变软。

3. 把其中一片面包烤过的面朝上放在盘子里，然后按自下而上的顺

序叠放一片生菜叶、牛油果、番茄、培根、另一片生菜叶，最后是另一片面包（烤面朝下）。好好欣赏这件杰作，然后一扫而光。不要分给别人。

最成功的BLAT三明治

我敢打赌，你一定以为做BLAT三明治很简单。这么说吧，如果你想做质地顶级的三明治，就必须遵循下面这几条非常严格的建议，每样食材都有讲究。

面包：用薄的但不要太薄的面包，这样面包与馅料的比例才完美。不要把面包烤焦了，因为碳化的烤面包屑包裹住你的舌头后，面包的质地（更不用说味道了）会变得很怪异。不要用嬉皮面包（hippie bread），因为你不会想要三明治里有太多的质地，否则会破坏它的平衡。仅供参考：根据大伯克利嬉皮面包研究所（Hippie Bread Institute of Greater Berkeley）的说法，任何加了葵花子的面包都被认为是嬉皮面包。

蛋黄酱：人们使用蛋黄酱不仅仅是因为它味道丰富、质地顺滑，还因为它能使一切食材变得更美味，除非你原本就讨厌蛋黄酱，那你大概也不会阅读这份菜谱了。你可以自制蛋黄酱，不过说实话，顶好牌的蛋黄酱就挺不错的。

牛油果：加牛油果是因为它质地顺滑，但一定要切得够薄，这样牛油果片才可以完美交叠摆放。如果切得太厚，你咬三明治的时候，牛油果片就会滑出三明治。

番茄：番茄的质地大大提升了三明治的口感，但最重要的是，它是水分的来源。番茄中间的胶质会包裹住其他配料，使烤面包片吃起来清爽酥脆而不干涩。

生菜：现在不是不懂装懂的时候，别想着用更花哨的比布生菜或其他绿叶生菜来取代结球生菜。这里用结球生菜纯粹是因为它的冰凉和爽脆，而且它还可以固定住三明治里的馅（我发现把生菜分别紧贴着两片面包，效果最好）。

培根：是的，加培根是为了有嚼劲和硬脆的口感，所以请确保你用在这里的（或者其他任何三明治里的！）不是软乎乎、随便烹饪的培根。用正确的方法烹调培根，然后将其放凉一会儿，再开始制作三明治。热培根会让生菜变软，也会让番茄变热。（总之，别放热培根就对了！）

番茄沙拉佐芥末鱼子酱配番茄黄瓜冰

（想做多少就做多少）

　　我会在西雅图的夏末做这道菜，那时各种颜色的纯种番茄已经完全成熟，产量也充足（我指的是那珍贵的两到三周时间里）。我特别喜欢番茄、爆开的腌芥菜籽和冰爽顺滑的番茄黄瓜冰之间形成的质地对比。

- 各种纯种番茄和小番茄，切成圆片、块状或对半切都可以
- 马尔顿海盐
- 芥末鱼子酱（菜谱见第169页）

- 一小把带梗的新鲜香草叶，如罗勒、莳萝或柠檬薄荷
- 你最喜欢的特级初榨橄榄油
- 番茄黄瓜冰（菜谱附后）

　　上桌之前，在每颗番茄上都撒一点盐（不要撒太多，因为芥菜籽本身就有咸味）。在番茄上点缀一些芥末鱼子酱，但不要太多。用香草装饰，然后多淋一些橄榄油。舀一勺番茄黄瓜冰放入盘子中央，即可上桌。

番茄黄瓜冰（大约2杯）

- 1大颗红番茄，切碎
- 1小根黄瓜，去皮切碎
- 1½汤匙调味米酒醋
- 1茶匙糖
- 1/4茶匙细海盐

　　把番茄、黄瓜、醋、糖和盐放入搅拌机里充分混合后，准备一个细过滤网，用橡胶抹刀挤压滤出的固体，丢掉留在滤网上的残渣。将过滤出的混合物充分冷却，然后放入冰激凌机。按照制造商的使用说明加工。将制作好的冰雪混合物放入密封容器中，然后放在冰箱冷冻层中冷冻至少2小时。如果你没有冰激凌机，可以把滤出的混合物倒进一个玻璃盘子里，放入冰箱冷冻层，每20分钟搅拌一次，直到质地看起来像雪葩一样即可。

好味道的秘密

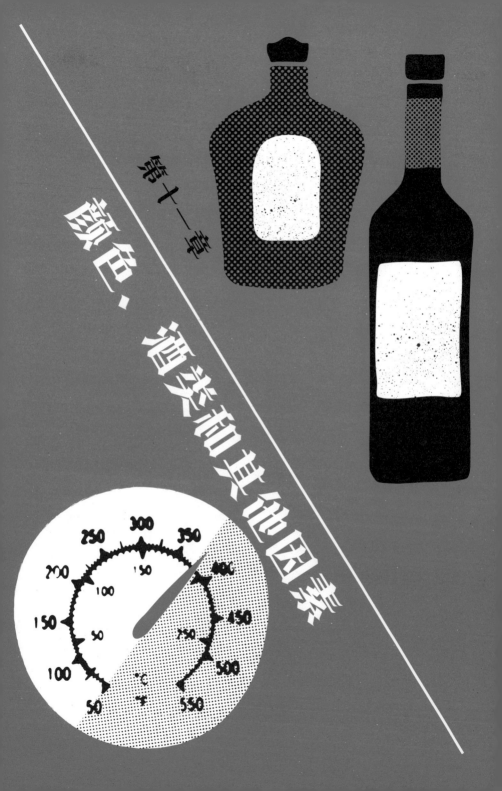

第十一章

颜色、酒类和其他因素

想想你吃过的最好的一顿饭。或者不是最好的也行。想想你上次吃的一顿美餐。我猜，所有菜肴并不只有一种颜色，酒精一定没有缺席，要么在菜肴里，要么作为佐餐酒出现（除非你不喝酒），热菜上桌的时候还没凉，用餐地点不是嘈杂的工地，和你同桌用餐的人也不是你不喜欢的。咸味、酸味、甜味、脂肪味、苦味、鲜味、香味、辣味和质地是让你喜欢盘子里食物的关键，但许多与食物或酒水没有直接关系的因素也会影响你的用餐体验。这些因素的影响实在太大了，如果我不说，那就是我的失职。

好味道的秘密

颜色

关于颜色如何影响我们的感知，有人曾做过一个著名的实验。研究人员将白葡萄酒染成红色，然后分给54名酿酒专业的学生品尝。所有学生都把白葡萄酒的香气误认为是红葡萄酒的香气。哎，诚然，这个实验本就是一个狡猾的陷阱，但仍有研究人员认为，小组中的个别同学应该会说："嘿，它闻起来跟我以前闻过的任何一款红葡萄酒都不一样，带有白葡萄酒的所有香气。"[31] 在另一项研究中，受试者在一个安装了特殊灯光的房间里吃牛排、薯条和豌豆。这些食物看似正常，但当灯光恢复正常时，受试者才发现他们刚刚吃的牛排是（被染成了）蓝色的，薯条是（被染成了）绿色的，豌豆是（被染成了）红色的。大部分人完全没了胃口，有些人开始反胃，尽管那些染料是无害的[32]。

做出诱人的菜肴是全世界所有主厨的追求。但是，如果其他一切元素都达到了完美状态，你能打破餐盘中必须色彩丰富这条规则吗？是的，你可以。位于意大利摩德纳的法兰雀斯卡纳酒馆餐厅（Osteria Francescana）的米其林星级主厨马西莫·博图拉（Massimo Bottura）有一道用了五种陈年帕玛森干酪的名菜。各个年份的奶酪有不同的形状和质地；整道菜由泡沫、薄脆饼干、气泡、舒芙蕾和酱汁构成。颜色呢？各种白色、灰白色和金黄色。如果是一个手艺稍差的厨师用白酱搭配鸡胸肉和土豆泥呢？听上去不是很吸引人（话虽如此，饼干和肉汁是我们觉得最没有吸引力但味道还不错的食材之一）。很少有人能把颜色单一的菜色做得令人垂涎不已，但博图拉办得到。因为菜肴的质地、味道和概念都是经过深思熟虑的，以至于你会完全忽略贫乏的色调，甚至更棒的一点是，你会开始留意不同年份的奶酪之间有什么细微的色差。所以，你应该尝试着做一顿全是橙色菜肴的晚餐吗？嗯，你名叫马西莫·博图拉吗？不是？那还是算了吧。

酒精

酒精是挥发性的（很容易蒸发），当它蒸发到你鼻子里时，食物中的挥发性化合物就搭了便车。简单地说，酒精能让你的食物闻起来更美味。闻一闻柠檬汁和意大利柠檬酒的气味，不用比都知道谁的柠檬香味更强烈。如果你想提升酒浸樱桃的香味，可以在樱桃上洒一点樱桃白兰地，但不要太多，否则酒精就会喧宾夺主。同样，在柠檬馅饼中加一点意大利柠檬酒，可以让你的菜肴更上一层楼。

酒精作为油脂和水的媒介，可以与两者结合，从而改善味道。

油脂和水不相容，加入酒精之后，分子之间会形成一种三角关系，食物（通常是水）中的香味化合物（通常是脂溶性的）可以更容易地进入应许之地，也就是你的嗅觉细胞（感知食物味道的指挥中心）[33]。

用酒烹饪绝对能大大提升菜肴的味道，但必须在合理的情况下加入酒精（专业提示：不要在牛油果酱中加入酒精）。所以，往锅里倒一点酒，或往酱汁中加入一些酒，可以大大提升风味系数。一定要记住，"酒精在烹饪过程中会完全挥发"是一种错误说法。火烧菜肴（现在还有人做火烧菜肴吗？）里75%的酒精都被保留了；煮了两个半小时的炖菜里还留有5%的酒精[34]。

可能最重要的是，酒精之所以能帮助你打造难忘的一餐，是因为酒精社交润滑剂的作用可以使人们进入放松的状态，使食物、同伴及其他一切都变得更有趣了。事实上，当你喝高兴了以后，即使是做失败的菜尝起来也会比平时更好吃。

不过酒精也会毁掉一顿晚餐，一种情况是一滴都没有，另一种则是因为过量了。如果你不喝酒，可能更容易发现食物的不完美之处（也许是觉得同桌用餐的人不够完美），除非你已经嗨了，那样的话，你一定**爱惨**了这餐饭，它会是你**这辈子**吃过的最好吃的食物。

阿普丽尔是一位训练有素的侍酒师，所以当我需要好酒搭配私厨晚宴时，我可以说有王牌在手。这些年来，她传授了我好些搭配菜肴和葡萄酒（以及苹果酒和啤酒）的妙招。菜肴主体要和酒体互相搭配。一道丰盛的肉类菜肴需要搭配一大杯（酒精含量较高的）烈性红酒来解腻，除非是辣味菜肴。不要用酒精含量以及单宁含量高的红酒搭配辛辣的食物。酒精和单宁会进一步刺激你的味觉，使辣椒尝起来更辣。一般来说，也不要用高酸度的葡萄酒搭配辛辣的食物，虽然也有例外，但大部分的酸会加剧辣度。试试用高酸度的白苏维翁搭白葡萄酒配哈拉贝纽辣椒，你的嘴一定会辣到喷火。然而，高酸度、含有残留的糖分却不甜的雷司令却可以搭配辣味菜肴，因为糖分会平衡辣味。用不甜的雷司令搭配哈拉贝纽辣椒，可以品尝到浓厚的葡萄酒与辣椒的双重味道。用清爽的啤酒搭配辛辣的食物从来不会出错。

忘掉红葡萄酒配肉、白葡萄酒配鱼这个说法吧，这是老剧《陆军野战医院》（*M*A*S*H*，1971—1983）还在播时的流行说法。如果你不知道《陆军野战医院》是什么，那么你可能也不知道我们在葡萄酒和食物的搭配上曾经有过隔离政策。多多留意菜肴的主体和重点。鲑鱼佐野生菌搭配黑皮诺（干红葡萄酒）会很美味。猪里脊佐苹果和茴香配上酒体饱满的白葡萄酒，如加州霞多丽或维欧尼，也非常棒。用鸡尾酒搭配食物也是可行的，但是因为大多数鸡尾酒都是高酒精度的混合饮品，苦味和甜味程度不同，所以要搭配得当则需要更高超的技巧。

温度

假设你今天工作了很久，伸手拿啤酒时却发现啤酒是温的。感觉失望吗？但如果你是在19世纪的酒馆里，就不会失望了。温（甚至热）的麦芽啤酒可以掩盖糟糕的品质，而对从寒冷的室外走进酒馆的人来说，优质的温（或热）的麦芽啤酒甚至是一种令人欣慰的饮料。低温下苦味会更明显，所以温的啤酒会降低人们对苦味的感知。很难想象现在还有人喝温啤酒，但鉴于时下流行的是各种增强苦味的啤酒，温啤酒或许不是太糟糕的选择。你可以要一杯滴滤式咖啡（星巴克就不错，因为星巴克的咖啡豆有明显的深焙过的苦味），让它冷却，然后再要一杯热的，来测试温度和苦味之间的关系。比较冷热两杯咖啡，你大概就会注意到，较凉的那一杯苦味更明显。

温度较高时，甜味更明显[35]。我4岁时就知道这一点了，因为当时我咬了一口融化的冰激凌，发现它尝起来比冰冻时甜多了。从那以后，我总会把装在奶奶的花边白瓷碗里的冰激凌"咔铃咔啦"地搅来搅去，直到把它搅软，家人们都要被我烦死了。大多数人吃的都是冰冻的冰激凌，它也本该这样吃。如果液态的冰激凌甜度刚刚好，冻过之后就几乎尝不到甜味了。这也正是冰激凌中含有过量糖分的原因。

你也可以借着科学探索的由头，正儿八经地吃一大堆冰激凌，以探究温度和甜度之间的关系。买一品脱（大约500克）冰激凌，舀出一勺，放在室温下完全融化。先尝尝融化的。用1到10分给甜度打分，其中1分是甜到恶心，10分是几乎不甜。尝过后用清水漱口，接着再舀出一勺，一直搅拌到冰激凌软化。尝一下它的味道。再次写下甜度分数，并用清水漱口。最后，像饿狼扑食一样直接从冰箱冷冻层里舀一勺，就站在那里吃掉。写下甜度分数。除非你是一个懦夫，否则就把整盒都干掉。

这个实验告诉我们：给食物调味时的温度一定要与食物上桌时的温度保持一致。如果你改变了食物上桌时的温度，就需要根据新的温度，重新试味、调味或调整平衡。

声音

我打赌，你一定不相信自己会用耳朵吃饭，但令人意想不到的是，这是真的！而且我有一些科学依据来支撑这个说法。在一项研究中，当受试者通过耳机听到酥脆的声音时，会认为品客薯片"更新鲜"[36]。在另一项研究中，当受试者在噪声较大的环境中进食时，感知到的咸味和甜味较淡；相反，当他们在更安静或没有背景噪声的环境中进食时，会发现食物的味道更浓郁[37]。简而言之，当你在吃酥脆的东西时听到了酥脆声，这是件好事，但在一个非常嘈杂的餐厅里吃美食会破坏你的用餐体验。这听起来很像是常识，当然也符合我自己的生活经验。当我吃薯片时，我真的不介意爱人在旁边大声嚼薯片（但如果我自己没吃，就很难说了）。我告诉学生们，当他们想要专心品尝食物时，闭上眼睛，保持安静。因为这时食物的味道会变得鲜活，和周围有吵闹的音乐声和谈话声时品尝到的味道不一样。

找一种与食物搭配得当、符合情景的声音也可以提升用餐体验。我享用生蚝的美好回忆之一就是站在水齐膝深的托顿湾（Totten Inlet）吃弗吉尼亚生蚝，海鸥在我的头顶鸣叫，海浪轻轻拍打着海岸。一边沉浸在食材的原产地，一边享用着美食，感觉如何？真是无价的体验，而且事实证明，特别特别美味。

牛津大学实验心理学系跨模态研究实验室（Crossmodal Research Laboratory）主任查尔斯·斯彭斯（Charles Spence）对此

表示赞同。斯彭斯曾与主厨赫斯顿·布卢门塔尔合作，将声音融入用餐者的就餐体验之中，共同打造了一道名为"海之声"的菜。整道菜被摆在可食用的"沙子"上，搭配有海水泡沫，用餐时，海浪的拍打声和海鸥的叫声会通过藏在海螺壳里的iPod传到食客的耳朵里。他们还另选了一些人做测试，这些人只能听到餐具的碰撞声，听不到海声。毫无疑问，那些听到海声的食客对这道菜的评价高出许多。

一起用餐的人

快快快，别考虑太多。在餐馆里，你认为哪个更重要，是食物品质还是顾客服务？

我热爱食物，我的生活也绕着食物转，但我会第一个承认，比起食物品质，我更看重顾客服务，以及与我一起用餐的人。如果我的同伴没有被好好招待，或者同桌就餐的人互相甩脸色，那我真的就无法享受我的食物了（不管食物的味道有多棒）。糟糕的同伴或服务在任何人嘴里都会留下不好的印象。我会给餐馆三次机会把菜做好，但如果顾客服务很差，我就再也不会去了。要问我给了我的朋友和家人多少次机会，那我就不告诉你了。

因此，你对自己在本书里读到的东西也要持保留态度：如果你想要好好地享用食物，也想让你的客人好好地享用食物，那就尽可能热情欢快地去分享它。就算成品不如你想象中好也不要去道歉，因为这会影响客人享用食物的心情。我知道不道歉很难，我自己也道过很多次歉，但是你上菜时的态度、房间里的气氛、谈话的质量等，所有这些都会影响食物的味道。

现在回想一下你吃过的最美味的几顿饭。我可以保证，你的印象里绝对没有糟糕的顾客服务，你的家人也没有吵架。气氛对享用美食的感知是如此重要，以至于我敢打赌，"你一生中吃的最棒的那几餐"一定发生在你刚刚恋爱、度假或出国的时候。确实存在这种情况，我称之为"度假脑"（Vacation Head），你会觉得自己当时吃的是你一生中吃过的最好的食物，这在很大程度上是因为你当时在度假，身心放松，活在当下。当然，我不否认当时的食物确实很棒，但我敢打赌，我可以给你做一顿完全一样的饭菜，并在某个工作日送餐上门，而你则会觉得不如当时美味。这也是为什么野营时所有食物的味道都很好的一个原因。即使是一小把混合坚果，在树林里吃也比坐在办公室里吃要美味。

所有这一切都意在说明，虽然要密切关注我在前文中所说的和味觉与味道有关的各个方面，但也不要忽略和你一起就餐的伙伴及就餐环境。一切都很重要。

生活忠告

迈克尔·波伦（Michael Pollan）立了一条关于食物的好规矩："吃食物。不宜多。多吃菜。"

我的建议是多吃天然食品。不要遵循任何告诉你某种食物不好的饮食法。食物不坏，人才坏。记住这一点。或者干脆不要遵循任何饮食法。这就对了。吃东西的时候就好好享受，和友善、乐观的人一起吃饭。除非医生劝告你不要吃，否则想吃什么就吃什么，哪怕是一点糖果、汉堡或油炸食品。可以喝葡萄酒，也可以喝鸡尾酒。只有当你喝得太多了，才需要戒一戒。适度饮食，这样你就可以时不时地摄入点脂肪、糖和酒。生命短暂，多吃天然食品。

好味道的秘密

第十二章

菜肴评分

哲学中有一个原理叫作"奥卡姆剃刀定律"（Occam's razor），大意说的是，最简单的解释最有可能是正确的。我们已经知道了，烹饪时最可能需要解决的问题就是盐的问题。我已经教过你如何检查咸度是否得当。根据奥卡姆剃刀定律，如果你发现你对一道菜不满意，最可能的原因就是盐不够。如果你确定咸度是对的，接下来检查酸度，然后看看甜味、苦味、脂肪味和鲜味是否都处在平衡状态。接下来，才要检查香味、辣味和质地。最后是第十一章提到的其他元素。

当你按照奥卡姆剃刀定律，系统地寻找最有可能的解决办法时，你很快就能学会如何更快地做出更美味的菜肴。正如我已经多次提到的，不妨从世界各地的菜系中寻找经典菜谱，这些菜谱涵盖了我前面所讨论过的所有味觉和味道元素。

让我们以第十章中的BLAT三明治这类看似普通的菜肴为例。你可能会认为BLAT三明治的初始版本BLT三明治是美国菜里的经典三明治之一。我想找到一种方法来量化某些菜肴能击中所有人的喜好、在一种文化中几乎人见人爱的原因。我在这里假设了一种情况：一个停车场里有两辆餐车，其中一辆卖的是BLAT三明治，另一辆卖的是美式金枪鱼奶酪三明治。猜猜看，哪一辆餐车前门庭若市，哪一辆餐车前门可罗雀？为什么喜欢BLAT三明治的人更多？这两款三明治都用了蛋黄酱，都有鲜味（一款有培根，另一款有金枪鱼和奶酪）、脂肪味、咸味和酸味。那么，区别在哪里呢？

欢迎进入"味道评估2000"（Flavorator 2000），这是我创建的评分系统，用于分析不同的菜肴，并根据我们在前文中讨论过的所有元素来量化各个菜肴的优点。我希望这套系统可以帮助人们分析为什么有些菜肴令人赞不绝口，而有些菜肴却不尽如人意。总分越高，运用的味觉和味道元素越多，这道菜就越令人兴奋。

如何使用"味道评估2000"

这套系统的理念是用数字来代表一道特别美味的菜肴中的诱人元素；每使用一种达到标准的食材，就得1分。只有九种有关味觉和味道的元素能被纳入考量范围（咸味、酸味、甜味、苦味、鲜味、脂肪味、香味、辣味、质地），不要给第十一章的元素计分。

计分规则如下：当使用了富含某种味道或风味的食材时，可得1分，如鲜味。金枪鱼奶酪三明治的金枪鱼有鲜味（因为是以蛋白质为基础的食物），所以它会因为鲜味得到1分。蛋黄酱含有糖、盐、脂肪（蛋黄和油）和酸（柠檬），所以它的甜味得1分，咸味得1分，脂肪味得1分（类似酱汁中的脂肪不要重复计分），酸味得1分。如此一来，蛋黄酱一共得4分。BLAT三明治中的结球生菜是用来增加爽脆质地的，所以它的质地得1分。假设某道菜里有苦味食材，作用是平衡其他成分，比如曼哈顿鸡尾酒里的苦精，则苦味可得1分。如果某道菜里有很多香料，可以给香味加1分，但不要重复计分。就算你在番茄和牛油果上都撒了一些盐，一道菜里的盐也只能得1分。如果一份菜谱中用了两次脂肪，也只能得1分。但是，如果这道菜的子菜谱也用了脂肪，那么子菜谱的脂肪可以再得1分。如果这道菜含有九种味觉和味道元素中的七种及以

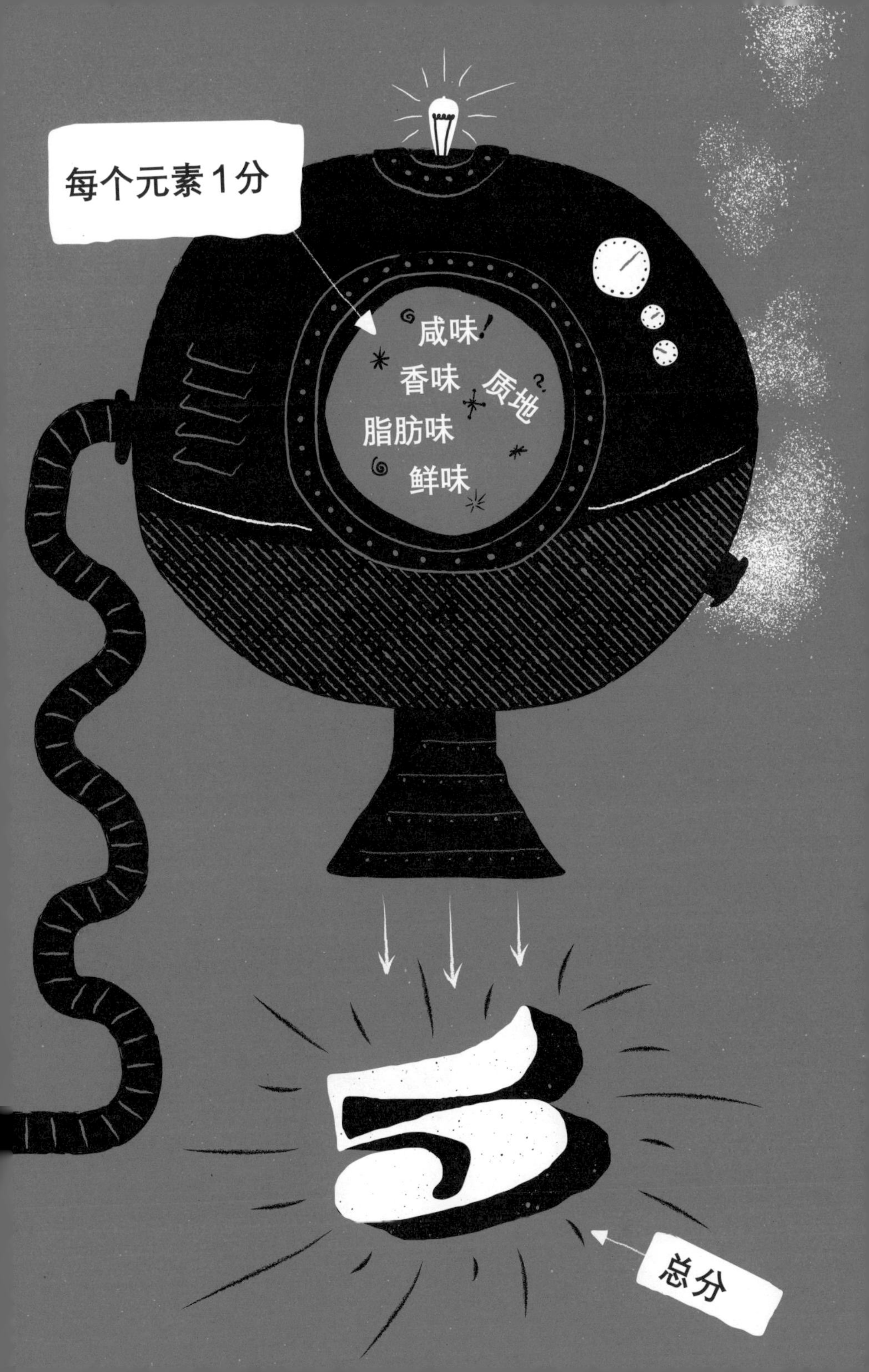

每个元素1分
咸味
香味
质地
脂肪味
鲜味
5
总分

上，则另加1分。

根据我的经验，评分高于10分的完整菜肴（例如，酱汁和由酱汁调味的东西，或者三明治及其所有的组成成分）通常非常受欢迎。得分超过15分的菜肴则是让人上瘾的、顶级的、完完全全的赢家，就算不能打破文化壁垒，在它所在的文化中也相当受宠。我们不妨亲身实践一次，比比看BLAT三明治和美式金枪鱼奶酪三明治，究竟哪一个最终得分更高。

质地顶级的BLAT三明治

味道	得分	食材
咸味	2	培根、蛋黄酱
酸味	2	蛋黄酱（柠檬）、番茄
甜味	1	蛋黄酱（糖）
脂肪味	3	培根、牛油果、蛋黄酱
苦味		
鲜味	2	番茄、培根
香味	1	培根（烟熏味）
辣味		
质地	3	面包、生菜、培根
附加分	1	
总分	15	

美式金枪鱼奶酪三明治

味道	得分	食材
咸味	2	奶酪、蛋黄酱
酸味	1	蛋黄酱（柠檬）
甜味	1	蛋黄酱（糖）
脂肪味	2	奶酪、蛋黄酱
苦味		
鲜味	2	奶酪、金枪鱼
香味		
辣味		
质地	2	面包、西芹
附加分		
总分	10	

BLAT三明治15分，美式金枪鱼奶酪三明治10分。区别在哪里呢？区别就在于培根。没有培根的话，培根生菜牛油果番茄三明治就成了生菜牛油果番茄三明治，就只能得10分。

现在你已经了解了"味道评估2000"的计分规则，接下来就让我们一起为本书中的其他菜肴打分吧。这里不妨比一比我心目中最均衡、最令人兴奋的越南酱汁之一酸甜鱼露汁与适用范围非常广的番茄酱（美式酱汁）。

越南酸甜鱼露汁

味道	得分	食材
咸味	1	鱼露
酸味	1	青柠
甜味	2	糖、胡萝卜
脂肪味		
苦味		
鲜味	1	鱼露
香味		
辣味	2	大蒜、泰国辣椒
质地		
附加分		
总分	7	

好味道的秘密

番茄酱

味道	得分	食材
咸味	1	盐
酸味	2	番茄、醋
甜味	1	红糖
脂肪味	1	油
苦味		
鲜味	1	番茄
香味		

味道	得分	食材
辣味	1	洋葱
质地		
附加分		
总分	7	

这两种酱汁的得分都是7分，我曾说过，越南酸甜鱼露汁就是越南菜中的"番茄酱"，上述计分结果更是证明了我的说法。

再来看看另一种酱汁，如何？过去十年里，我一直在使用自创的意式绿莎莎酱。其间，我教学生们做过，也为客人做过，还没有遇到过不喜欢它的人。这种酱汁让人上瘾，也令人兴奋。尽管它只是一款酱汁，还不是一道完整的菜，但得分已经超过了10分。

意式绿莎莎酱

味道	得分	食材
咸味	2	刺山柑、盐
酸味	2	雪莉酒醋、刺山柑
甜味	1	葡萄干
脂肪味	2	橄榄油、无盐杏仁
苦味		
鲜味	1	刺山柑
香味	2	欧芹、无盐杏仁
辣味	1	红椒片

味道	得分	食材
质地		
附加分	1	
总分	12	

这本书中的几乎所有元素都体现在了这款酱汁里，我知道这就是我年复一年地做它却从不会腻的原因。一道菜不需要太复杂就可以满足所有要求（参见第192页质地顶级的BLAT三明治菜谱），但它确实需要精心挑选食材，才能保持完美的平衡。

肉桂姜香炖羊肉佐罗望子酱配藏红花姜黄香料饭（6~8人份）

这道炖羊肉要用印度香料炖煮，搭配辛辣、清新的罗望子酱及藏红花香料饭。

炖羊肉要用到的食材：

- 2磅羊肩肉，切成5厘米厚的小块
- 2茶匙细海盐
- 1汤匙耐高温的油，比如椰子油
- 1汤匙孜然
- 1汤匙香菜籽
- 1茶匙姜黄粉
- 1/2茶匙卡宴辣椒粉
- 1根肉桂，掰成小段
- 5颗带豆荚的绿豆蔻

- 2颗洋葱，切成小丁
- 1/4杯姜丝
- 1/2杯干白或干白味美思
- 2杯无盐或低盐牛肉高汤
- 1罐（830毫升）火烤番茄丁
- 1颗酸苹果，切成小丁
- 1/4杯葡萄干
- 1颗柠檬的皮和汁
- 1片月桂叶

罗望子酱要用到的食材：

- 2汤匙罗望子泥和2汤匙水混合均匀，或直接用1/4杯浓缩罗望子汁
- 1把香菜（可以保留菜梗）
- 1/2茶匙细海盐

- 1根塞拉诺辣椒（去掉膜和籽，可以降低辣度）
- 1茶匙蜂蜜
- 藏红花姜黄香料饭（菜谱附后），搭配上菜

1. 至少提前2~4个小时用盐腌制羊肉并冷藏，准备烹饪时再取出。

2. 把烤箱预热至150℃。

3. 把椰子油倒入耐高温的炖锅，用中高火加热。放入羊肉，煎至各面呈棕色，把油留在锅内。取山羊肉放在　边。

4. 与此同时，将孜然、香菜、姜黄、卡宴辣椒粉、肉桂和豆蔻放入香料研磨机中磨成粉。把香料粉倒进锅中，翻炒约30秒，直到香料开始滋滋作响并散发出香气。再加入洋葱和姜，继续炒5~7分钟，或者直到洋葱变透明。倒酒，收汁。

5. 把羊肉放回锅里，加入牛肉高汤、番茄、苹果、葡萄干、柠檬皮（不是柠檬汁）和月桂叶。把锅移入烤箱，不要盖盖子，烤2~3个小时，或者直到肉能轻松剥离骨头。用柠檬汁和盐调味。

6. 边炖羊肉边准备罗望子酱。将罗望子泥和清水（或浓缩罗望子汁）、香菜、塞拉诺辣椒、蜂蜜和盐放入搅拌机搅成糊状。酱汁在冰箱里可以保存一个星期。

7. 上菜后把罗望子酱淋在羊肉上，搭配藏红花香料饭一起食用。

藏红花姜黄香料饭（6人份）

- 2杯印度香米
- 1/8茶匙藏红花
- 1汤匙热水
- 5颗完整的丁香
- 5颗带豆荚的绿豆蔻
- 1根（2英寸长）肉桂，掰成小段
- 1/2茶匙细海盐
- 2汤匙椰子油

- 1/4杯切碎的红葱头
- 1汤匙现磨姜黄，或1茶匙姜黄粉
- 3杯无盐蔬菜高汤或低盐蔬菜高汤
- 1/4杯无籽小葡萄或葡萄干
- 1茶匙蜂蜜
- 1/4杯开心果，烘烤后切碎

1. 把烤箱预热至177 ℃。

2. 用冷水清洗米饭，然后沥干水。用热水泡发藏红花。将丁香、绿豆蔻、肉桂和盐放入香料研磨机研磨成细粉。

3. 将椰子油倒入耐高温的带盖煎锅中，用中高火加热。加入红葱头和姜黄，炒几分钟。加入香料粉，再炒1分钟。加入米饭，炒至米粒变干且有点焦黄，大约需要5分钟。然后加入泡发的藏红花和水、蔬菜高汤、葡萄干和蜂蜜。充分搅拌并煮沸。之后，盖紧锅盖，移入烤箱，再烤20分钟。

4. 从烤箱中取出煎锅，不要开盖，焖10分钟。之后，打开锅盖，把米饭搅松，撒上烤过的开心果，即可上菜。

肉桂姜香炖羊肉佐罗望子酱配藏红花姜黄香料饭

炖羊肉

味道	得分	食材
咸味	1	盐
酸味	4	酒、柠檬、番茄、酸苹果
甜味	2	葡萄干、酸苹果
脂肪味	2	椰子油、羊肉
苦味		
鲜味	1	羊肉
香味	1	孜然、香菜、姜黄、肉桂、绿豆蔻、月桂叶
辣味	3	卡宴辣椒粉、洋葱、姜
质地		
附加分		

酱汁

味道	得分	食材
咸味	1	盐
酸味	1	罗望子
甜味	1	蜂蜜
脂肪味		
苦味		
鲜味		
香味	1	香菜
辣味	1	塞拉诺辣椒
质地		
附加分		

香料饭

味道	得分	食材
咸味	1	盐
酸味		
甜味	2	蜂蜜、葡萄干
脂肪味	1	椰子油
苦味		
鲜味		
香味	1	藏红花、丁香、绿豆蔻、肉桂、姜黄
辣味	1	红葱头

味道	得分	食材
质地	1	开心果
附加分		
总分	26+1（附加分）=27	

致谢

　　感谢西雅图有机连锁超市PCC和食品室烹饪学校的全体学生给我灵感写成此书。

　　以下排名不分先后，感谢琳达·希尔霍尔茨、米凯莱·雷德蒙、阿尔图西和施皮纳塞餐厅（Artusi and Spinasse）主厨斯图尔特·莱恩以及那里的出色员工，让我吃饱喝好；杰里·特拉恩菲尔德、巴布·斯塔基、马修·阿姆斯特－伯顿、拉加万·利耶尔、布拉德·托马斯·帕森斯、布兰迪·亨德森、雪莉·科里埃、阿什林·福什纳、珍妮特·毕比、格雷格·阿特金森、凯伦·于恩森、安妮特·霍滕斯坦、希瑟·韦纳、金伯利·金·肖布、安妮·利文斯顿、吉尔·莱特纳、埃米莉·瓦恩斯、克里斯·唐河、艾丽西亚·盖伊、塔玛拉·卡普兰、杰奎琳·丘奇、雅米·金布尔、达尼埃尔·法格、克劳迪娅·迪勒、马克·舍默霍恩、格里亚卢－普里查德一家、卡比安·伦德尔、丽兹·伦德尔、CJ. 汤姆林森、香农·凯利、香农·罗马诺、古尼拉·埃里克松、罗宾·豪威、科琳·莫里斯、莉比·格兰特、欧文·林、卡琳·施瓦茨、克里斯蒂·文特·基廷、伊恩·爱尔兰、朱莉·怀特霍恩、金·布劳尔、卡罗琳·弗格森、特雷维斯·格利森、纳迪娅·弗卢希、安德烈娅·鲁滨孙·弗拉博塔、南希·莱森、萨拉·鲍威尔·道·克利斯曼、朱莉·科达玛、詹妮弗·布罗、梅丽莎·亚伦、戴比·罗耶、马修·约翰逊、柯尔斯滕·狄克逊、索尼娅·卡尔森、玛丽·皮尔斯、克里斯·杜瓦尔、雷切尔·贝尔·克拉姆夫纳、詹姆森·芬克、巴德·维尔茨、查克·泰萨罗、戴夫·魏、德博拉·宾尔德、唐娜·贝尔、埃丽卡·芬斯内斯、埃里克·乔斯伯格、玛丽·乔斯伯格、凯瑟琳·迪肯森、莫琳·巴塔利、南·麦凯、罗伯塔·内尔森、苏珊娜·柯克－达利贡、塔玛拉·巴尔、雪莉、沙伦和松鼠排骨咖啡美发店（Squirrel Chops）的哈维尔，总是让我精神饱满，还同意做我的实验小白鼠。

感谢我的编辑苏珊·罗克斯伯勒和出版商加里·卢克同意出版这本书，这是我写过的最困难、最令人满意的书之一。感谢托尼·翁、安娜·戈尔茨坦、埃姆·盖尔和大脚怪出版社（Sasquatch Books）的所有员工。还要感谢文案编辑雷切尔·隆热·麦基。谢谢经纪人沙伦·鲍尔斯给我的所有支持。最后，感谢杰里米·塞伦古特和杰西·塞伦古特给出的宝贵建议，感谢父亲和布伦达邀请我回家写作，感谢阿普丽尔热情的鼓励和坚定的支持。

附录

拯救菜谱备忘录

太咸？	加量或稀释。分成两份，重新做一份无盐的加进去，混合均匀。增加甜味来分散注意力。加入酸味来降低对咸味的感知。加入脂肪来包裹舌头。
太酸？	加入甜味来平衡酸味。加入脂肪来包裹舌头。加量或稀释。
太甜？	用酸味平衡甜味。加入带辣味的食材来分散注意力，辣椒尤其好用。加量或稀释。加入脂肪来包裹舌头。
太油？	如果可行的话，先试着去油。加酸解腻。搭配含淀粉的食物一起食用，可以吸收多余的油脂。
太苦？	加盐来降低对苦味的感知。焦糖化处理或通过增加甜味来达到平衡。如果可以的话，冲洗或焯一遍食材（比如青菜类食材）。加量或稀释。加入脂肪来包裹舌头。趁热上菜可以降低对苦味的感知。

太香？	加入脂肪来包裹舌头，让味蕾变迟钝。锅底酱中可以多加些黄油或者奶油。加量或稀释。加入不同的香草或香料来分散注意力。
太辣？嘴唇着火？	乳制品！乳制品！乳制品！加入脂肪。增加甜味来分散注意力。加量或稀释。搭配大量米饭、面包或其他淀粉含量高的食物一起食用。
洋葱味或蒜味太冲？	继续煮！增加甜味或酸味来分散注意力。加量或稀释。

注释

1. 《化学感觉》（*Chemical Senses*）期刊引用了普渡大学在2015年做的一项研究，研究发现脂肪味是可识别的第六种基本味觉，受试者可以很轻松地将其与其他基本味觉区分开来。研究人员将这种味觉称作"oleogustus"，"oleo"是一个拉丁语词根，意思是"富含脂肪的"或"脂肪的"，"gustus"指的是味道。Cordelia A. Running, Bruce A. Craig, Richard D. Mattes, "Oleogustus: The Unique Taste of Fat," *Chemical Senses,* 40, no 7 (2015): 507–516.

2. 在印度传统医学阿育吠陀医学中，可被识别的六种基本味道是甜味、酸味、咸味、苦味、刺激（类似于我所说的"辛辣"，包括洋葱、辣椒、大蒜、丁香和芥末）及涩口（比如葡萄皮和茶中的单宁）。

3. C. Bushdid, M. O. Magnasco, L. B. Vosshall, A. Keller, "Humans Can Discriminate More than 1 Trillion Olfactory Stimuli," *Science*, 343, no 6177 (2014): 1370–2.

4. "How Does Our Sense of Taste Work?" *PubMed Health*, August 17, 2016.

5. Jean-Pierre Royet, Jane Plailly, Anne-Lise Saive, Alexandra Veyrac, Chantal Delon-Martin, "The Impact of Expertise in Olfaction," *Frontiers in Psychology*, 4, no 928 (2013).

6. 并非所有族群"尝到"的味道都是相同的。北美洲的高加索人中有30%无法感知到PROP的苦味，但只有3%的日本人、中国人和西非人无法察觉到这种苦味。同时，将近 40% 的印度人也无法察觉到这种苦味。科学家们并不清楚为什么不同族群之间会有如此大的味觉差异，但我感兴趣的是，这些差异会给不同族群对菜肴、食材或调味的选择带来什么影响。Adam Drewnowskia, Susan Ahlstrom Hendersona, Amy Beth Shorea, Anne Barralt-Fornella, "Nontasters, Tasters and Supertasters of 2116-n-Propylthiouracil (PROP) and Hedonic Response to Sweet," *Physiology and Behavior*, 62, no 3 (1997).

7.Sung Kyu Ha, "Dietary Salt Intake and Hypertension," *Electrolyte Blood Press*, 12, no 1 (2014): 7–18.

8.J. Kenji López-Alt, "The Food Lab: More Tips for Perfect Steaks," *Serious Eats* (blog), March 18, 2011.

9.Steven Nordin, Daniel A. Broman, Jonas K. Olofsson, Marianne Wulff, "A Longitudinal Descriptive Study of Self-reported Abnormal Smell and Taste Perception in Pregnant Women," *Chemical Senses*, 29, no 5 (2004): 391–402.

10.Djin Gie Liem, Julie A. Mennella, "Heightened Sour Preferences During Childhood," *Chemical Senses*, 28, no 2 (2003): 173–180.

11.Holly Strawbridge, "Artificial Sweeteners: Sugar-Free, But At What Cost?" *Harvard Health Blog* (blog), July 16, 2012.

12.Feris Jabr, "How Sugar and Fat Trick the Brain into Wanting More Food," *Scientific American*, January, 1, 2016.

13.Barbara Moran, "Is Butter Really Back? Clarifying the Facts on Fat," *Harvard Public Health*, Fall 2014.

14.Dan Buettner, "The Island Where People Forget to Die," *The New York Times Magazine*, October 24, 2012.

15.Cordelia A Running, Bruce A. Craig, Richard D. Mattes, "Oleogustus: The Unique Taste of Fat," *Chemical Senses*, 40, no 7 (2015): 507–516.

16.Daniel Gritzer, "Cooking With Olive Oil: Should You Fry and Sear in It or Not?" *Serious Eats* (blog), March 24, 2015.

17.J. Kanner, "Dietary Advanced Lipid Oxidation Endpoints Are Risk Factors to Human Health," *Molecular Nutrition and Food Research* 51, no 9 (2007): 1094–1101.

18. "Sour-Bitter Confusion," *Society of Sensory Professionals*.

19. Dan Souza, "Why Nacho Cheese Doritos Taste Like Heaven," *Serious Eats* (blog), June 12, 2012.

20. K. Roininen, L. Lahteenmaki, H. Tuorila, "Effect of Umami Taste on Pleasantness of Low-Salt Soups During Repeated Testing," *Physiology and Behavior*, 60, no 3 (1996): 953–958.

21. Una Masic, Martin R. Yeomans, "Umami Flavor Enhances Appetite but also Increases Satiety," *The American Journal of Clinical Nutrition*, 100, no 2 (2014): 532–538.

22. Katharine M. Woessner, Ronald A. Simon, Donald D. Stevenson, "Monosodium Glutamate Sensitivity in Asthma," *The Journal of Allergy and Clinical Immunology*, 104, no 2 (1999): 305–310.

23. M. Freeman, "Reconsidering the Effects of Monosodium Glutamate: A Literature Review," *Journal of the American Academy of Nurse Practitioners*, 18, (2006): 482–486.

24. Nicholas Eriksson, Shirley Wu, Chuong B. Do, Amy K. Kiefer, Joyce Y. Tung, Joanna L. Mountain, David A. Hinds, Uta Francke, "A Genetic Variant Near Olfactory Receptor Genes Influences Cilantro Preference," *Flavour*, 1, no 1 (2012).

25. J. Kenji López-Alt, "Freeze Fresh Herbs for Long-Term Storage," *Serious Eats* (blog), March 30, 2015.

26. Gardiner Harris, "F.D.A. Finds 12% of U.S. Spice Imports Contaminated," *The New York Times*, October 30, 2013.

27. Rita Mirondo, Sheryl Barringer, "Deodorization of Garlic Breath by Foods, and the Role of Polyphenol Oxidase and Phenolic Compounds," *Journal of Food Science*, 81, no 10 (2016): C2425–C2430.

28. Daniel Gritzer, "The Best Way to Mince Garlic," *Serious Eats* (blog), January 9, 2015.

29. Duangjai Lexomboon, Mats Trulsson, Inger Wårdh, Marti G. Parker, "Chewing Ability and Tooth Loss: Association with Cognitive Impairment in an Elderly Population Study," *Journal of the American Geriatrics Society*, (2012).

好
味
道
的
秘
密

30.Helen Coulthard, Gillian Harris, Pauline Emmett, "Delayed Introduction of Lumpy Foods to Children During the Complementary Feeding Period Affects Child's Food Acceptance and Feeding at 7 Years of Age," *Maternal & Child Nutrition*, 5, no 1 (2008): 75–85.

31.Gil Morrot, Frederic Brochet, Denis Dubourdieu, "The Color of Odors," *Brain and Language*, 79, no 2 (2001): 309-320.

32.Eds. H. L. Meiselman and H. J. H. MacFie, *Food Choice Acceptance and Consumption*, London, Blackie Academic and Professional, 1996.

33.David Joachim, Andrew Schloss, "Alcohol's Role in Cooking," *Fine Cooking*, no 104 (2010): 28–29.

34."USDA Table of Nutrient Retention Factors," U.S. Department of Agriculture, December 2007.

35.Amalia Mirta Calvino, "Perception of Sweetness: The Effects of Concentration and Temperature," *Physiology & Behavior*, 36, no 6 (1986): 1021-1028.

36.M. Zampini, C. Spence, "The Role of Auditory Cues in Modulating the Perceived Crispness and Staleness of Potato Chips," *Journal of Sensory Studies*, 19, (2004): 347–363.

37.A. T. Woods, E. Poliakoff, D. M. Lloyd, J. Kuenzel, R. Hodson, H. Gonda, J. Batchelor, G. B. Dijksterhuis, A. Thomas, "Effect of Background Noise on Food Perception," *Food Quality and Preference*, 22, no 1 (2011): 42-47.

注
释

参考书目

好
味
道
的
秘
密

McGee, Harold. *On Food and Cooking*. New York, NY: Scribner, 2004.

McLagan, Jennifer. *Bitter: A Taste of the World's Most Dangerous Flavor, with Recipes*. Berkeley, CA: Ten Speed Press, 2014.

McQuaid, John. *Tasty: The Art and Science of What We Eat*. New York, NY: Scribner, 2015.

Moss, Michael. *Salt Sugar Fat: How the Food Giants Hooked Us*. New York, NY: Random House, 2013.

Mouritsen, Ole G., and Klavs Styrbæk. *Umami: Unlocking the Secrets of the Fifth Taste*. New York, NY: Columbia University Press, 2015.

Prescott, John. *Taste Matters: Why We Like the Foods We Do*. London, UK: Reaktion Books, 2012.

Rodgers, Judy. *The Zuni Cafe Cookbook*. New York, NY: W. W. Norton and Company, 2002.

Stuckey, Barb. *Taste What You're Missing: The Passionate Eater's Guide to Why Good Food Tastes Good*. New York, NY: Simon & Schuster, 2012.

资料来源

关于味觉和味道的必读书籍
参考书目（见上一页）中的所有书籍
The Food Lab by J. Kenji López-Alt
Salt, Fat, Acid, Heat by Samin Nosrat
Flavor Bible by Andrew Dornenburg and Karen A. Page
The Flavor Thesaurus by Niki Segnit

关于食物科学（包括烘焙）的必读书籍
CookWise by Shirley O. Corriher
Modernist Cuisine by Nathan Myhrvold, Chris Young, and Maxime Bilet
The Baking Bible by Ruth Levy Beranbaum
The Science of Good Cooking by the editors of America's Test Kitchen and Guy Crosby
Cooking for Geeks by Jeff Potter
How to Read a French Fry by Russ Parsons

必访问网站
SeriousEats.com
CooksScience.com

必读杂志
Cook's Illustrated

必看的电视节目
The Mind of a Chef
Chef's Table

索引

好味道的秘密

好
味
道
的
秘
密

好味道的秘密

好味道的秘密

关于作者

好味道的秘密

在捕鱿鱼、钓鱼或在树林里蹦蹦跳跳地为下一餐挑选野味的时间之外，贝蒂·塞伦古特是一个私厨、作家、幽默大师和烹饪教师。塞伦古特是 PCC 自然市场和食品室烹饪学校的特聘导师，著有其他三本关于食物的书，即《致幻蘑菇》（*Shroom*）、《美味的鱼：来自大西洋海岸的可持续的海鲜食谱》（*Good Fish: sustainable seafood recipes from the pacific coast*）和《没有一个圣地》（*Not One Shrine*）。业余时间，她与人合作开创了一个喜剧节目，名叫 *Look Inside This Book Club*，在节目中，她会选一些离谱的爱情小说试读本，并就此发表一些评论。塞伦古特和阿普丽尔及她们的两只小狗伊兹和皮平住在西雅图国会山街区（Capitol Hill）。塞伦古特希望可以在不久的将来克隆自己，这样她就有更多时间来体验别人称之为"工作"的趣事了。